电动机控制线路

实训教程 （第2版）

Training Course
for Motor Control Circuit

刘真真　高鉴滲　主编
夏昌玉　主审

U0368054

化学工业出版社

·北京·

内容简介

本书内容采用项目任务的教学模式，根据任务驱动和案例教学的思路与方法，用五大项目详细介绍了电动机控制线路操作实训，包括认识低压电器、三相异步电动机控制线路的安装、直流电动机控制线路、三相同步电动机控制线路、单相异步电动机控制线路等内容，用任务来驱动读者动脑解决实际问题。

本书可用作职业院校、技工学校机电类专业的教材，也适合电动机控制线路安装与维护的初学者学习使用。

图书在版编目（CIP）数据

电动机控制线路实训教程/刘真真，高鉴渗主编 . —2版 . —北京：化学工业出版社，2024.8

ISBN 978-7-122-45761-5

Ⅰ . ①电… Ⅱ . ①刘…②高… Ⅲ . ①电动机-控制电路-中等专业学校-教材 Ⅳ . ①TM321.02

中国国家版本馆CIP数据核字（2024）第108082号

责任编辑：万忻欣　　　　　　　　　　装帧设计：史利平
责任校对：王鹏飞

出版发行：化学工业出版社
　　　　　（北京市东城区青年湖南街13号　邮政编码100011）
印　　装：河北延风印务有限公司
787mm×1092mm　1/16　印张11¼　字数277千字
2024年10月北京第2版第1次印刷

购书咨询：010-64518888　　　　　　售后服务：010-64518899
网　　址：http://www.cip.com.cn

凡购买本书，如有缺损质量问题，本社销售中心负责调换。

定　　价：38.00元　　　　　　　　　　版权所有　违者必究

编写人员名单

主　　编：刘真真　高鉴渗

副 主 编：滕学宇　杨晓雷　徐廷爱　孙士昊　刘军印　赵　红

参编人员：凌　霄　侯力扬　杨传友　宋　辰　王　敏　鲁　洁

　　　　　谢鹏飞　邵晓雪　王兴华　景　浩

主　　审：夏昌玉

前言

Preface

电动机控制线路广泛应用于电气传动及自动控制设备中，是从事电气、自动化技术工作的人员最常接触的技术。对一名电气工作者来说，学会正确分析电动机控制线路的工作原理，正确选择电气元件，是判断其技术水平和处理自动化设备故障能力的重要标志。因此，培养学生的电动机控制线路操作技能也是相关专业的教学要求之一。

本书是国家中等职业教育改革发展示范学校机电类专业系列教材之一，主要介绍电动机控制线路操作实训。为了更好地适应机电类专业的教学要求，全面提高教学质量，经过充分的企业调研并结合学校的教学情况，笔者于2015年编写出版了《电动机控制线路实训教程》，从出版至今深受师生欢迎。这次，为了使教材更加适用于学生技能水平的培养，根据企业岗位需求变化和教学需要，调整部分教材内容，根据一体化教学理念，进一步强化理论与技能相结合，对考核评价体系进行了完善和修改，同时，根据相关专业最新技术发展，补充部分新知识、新技术、新设备和新材料等方面的内容。

本书有以下特点。

1. 内容全面充实

本书编写过程中，邀请了企业专家参与，并结合机电设备安装与维修专业相关工作岗位的实际需求，合理确定知识结构，力求内容全面，将常用的三相异步电动机、直流电动机、三相同步电动机、单相异步电动机以及在自动控制系统中常用的特种电机等基本控制线路一一进行介绍，可作为相关电气技术人员的工作参考用书。

2. 重点有效突出

书中每个项目一开始就有明确的学习目标，重点内容突出，与前面的提问相呼应，做到"有的放矢"，加深读者对知识点的理解和记忆。随后配有技能训练内容，便于读者巩固与提高。

3. 形式简洁新颖

书中利用图片将知识点直观地展示出来，将抽象的理论知识形象化、生动化，使阅读变得更加轻松。编写中，力求做到文句简洁、通俗易懂。并加入"安全操作提示""知识拓展"等小栏目，使版面更加灵活，增强了阅读的趣味性。

本书内容起点低、通俗易懂，可用作职业院校、技工学校机电类专业的教材和参考书，可用40学时进行教学，也适合初学者及从事电气技术领域的工作人员使用。

本书由刘真真、高鉴渗担任主编，夏昌玉担任主审，参与本书编写工作的还有王敏、杨晓雷、徐廷爱、肖永发、凌霄、侯力杨等。

由于编者水平有限，书中难免存在不妥之处，敬请广大读者批评指正。

编　者

目录

Contents

项目一
认识低压电器

知识目标

1. 熟练掌握电器、低压电器的定义及分类。
2. 掌握低压电器型号组成形式、结构作用以及图形符号和文字符号。
3. 熟练掌握各种低压开关的选用原则、安装与使用原则。

能力目标

1. 能够正确识别常用的低压电器。
2. 能够安装调试、维修低压电器。

素质目标

1. 培养学生安全文明生产的意识、认真负责的态度。
2. 培养学生的表述与合理辩解能力。
3. 培养学生独立解决问题的能力和电工的责任感。

基础知识

　　低压电器是指工作在交流额定电压1200V及以下、直流额定电压1500V及以下的电器。低压电器作为基本器件，广泛应用于输配电系统和电力拖动控制系统。常用的低压电器主要有低压开关、熔断器、主令电器、接触器、继电器、电机保护器和变频器等。

　　低压开关主要用来隔离、转换及接通和分断用，多数用作机床电路的电源开关和局部照明电路的控制开关，有时也可直接用于控制小容量电动机的启动、停止和正反转。

一、自动空气开关

自动空气开关又称自动空气断路器，是低压配电网络和电力拖动系统中非常重要的一种电器，它集控制和多种保护功能于一身。

自动空气开关在电路中的主要作用是能接通和分断电路；能对电路或电气设备发生的短路、严重过载及欠电压等进行保护；同时也能用于不频繁地启停电动机。

自动空气开关具有操作安全、安装使用方便、工作可靠、动作值可调、分断能力较强、兼顾多种保护、动作后不需要更换元件等优点。

1. 分类

自动空气开关按结构形式可分为塑壳式、框架式、限流式、直流快速式、灭磁式和漏电保护式六类。

电力拖动与自动控制线路中常用断路器，如图1-1-1所示。其分类方法如下。

（1）按极数：单极、两极和三极。

（2）按保护形式：电磁脱扣器式、热脱扣器式、复合脱扣器式（常用）和无脱扣器式。

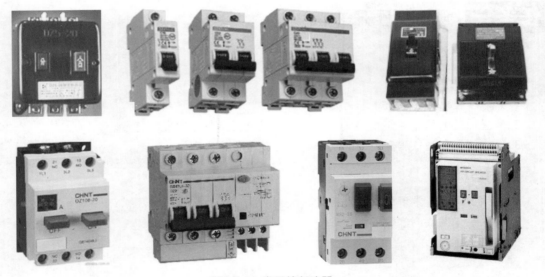

图1-1-1 常用的断路器

2. 自动空气开关的型号及含义

（1）DZ5-20型号及其含义

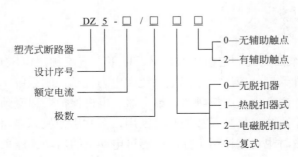

（2）NS2型号及其含义

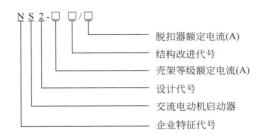

NS2-□□/□

- 脱扣器额定电流(A)
- 结构改进代号
- 壳架等级额定电流(A)
- 设计代号
- 交流电动机启动器
- 企业特征代号

3. 结构与原理

自动空气开关主要由三部分组成：触点和灭弧系统、各种脱扣器、操作机构和自由脱扣器。如图1-1-2所示为DZ5-20型低压断路器的结构和电路符号。其结构采用立体布置，操作机构在中间，外壳顶部突出红色按键为分断；绿色按键为合闸。如图1-1-3所示为万能式低压断路器结构图。

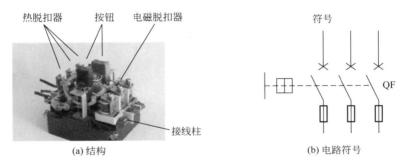

(a) 结构　　　　　(b) 电路符号

图1-1-2　DZ5-20型低压断路器的结构和电路符号

图1-1-3　万能式低压断路器结构图

1—灭弧罩；2—开关本体；3—抽屉座；4—合闸按钮；5—分闸按钮；
6—智能脱扣器；7—摇匀柄插入位置；8—连接/试验/分离指示

如图1-1-4所示为低压断路器的工作原理示意图。把自动空气开关的三副主触点2串联在被控制的三相电路中。当开关接通电源后，电磁脱扣器、热脱扣器及欠电压脱扣器若无异常反应，开关运行正常。

热脱扣器的作用：过载保护，用其电流调节装置调节整定电流大小。

电磁脱扣器的作用：短路保护，用其电流调节装置调节瞬时脱扣整定电流大小。

欠压脱扣器的作用：零压和欠压保护。

具体保护原理如下：

（1）短路或严重过载时　当线路发生短路或严重过载电流时，短路电流超过瞬时脱扣整定电流值，如图1-1-4所示，电磁脱扣器6产生足够大的吸力，将衔铁8吸合并撞击杠杆7，使搭钩4绕转轴5向上转动与锁扣3脱开，锁扣在主弹簧1的反力作用下将三副主触点分断，切断电源。

（2）线路一般性过载时　当线路发生一般性过载时，过载电流虽不能使电磁脱扣器动作，但能使热元件13产生一定热量，促使双金属片12受热向上弯曲，推动杠杆7使搭钩与锁扣脱开，将主触点分断，切断电源。

（3）线路欠电压时　欠压脱扣器11的工作过程与电磁脱扣器恰恰相反，当线路电压正常时欠压脱扣器11产生足够的吸力，克服拉力弹簧9的作用将衔铁10吸合，衔铁与杠杆脱离，锁扣与搭钩才得以锁住，主触点方能闭合。当线路上电压全部消失或电压下降至某一数值时，欠压脱扣器吸力消失或减小，衔铁被拉力弹簧9拉开并撞击杠杆，主电路电源被分断。

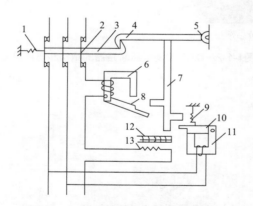

图1-1-4　低压断路器工作原理示意图

1—主弹簧；2—主触点；3—锁扣；4—搭钩；5—轴；6—电磁脱扣器；7—杠杆；
8—电磁脱扣器衔铁；9—弹簧；10—欠压脱扣器衔铁；11—欠压脱扣器；12—双金属片；13—热元件

4. 自动空气开关选用原则

（1）自动空气开关的额定工作电压≥线路额定电压。

（2）自动空气开关的额定电流≥线路负载电流。

（3）热脱扣器的整定电流=所控制负载的额定电流。

（4）电磁脱扣器的瞬时脱扣整定电流>负载电路正常工作时的峰值电流。

（5）欠压脱扣器的额定电压=线路的额定电压。

（6）断路器的分断能力≥电路的最大短路电流。

二、负荷开关

1. 开启式负荷开关

开启式负荷开关简称闸刀开关，生产中常用的是HK系列，其外形如图1-1-5所示。开启式负荷开关主要适用于照明、电热设备及小容量电动机控制线路中，可供手动不频繁地接通和分断电路，并起到短路保护作用。闸刀开关的结构及电路符号如图1-1-6所示。

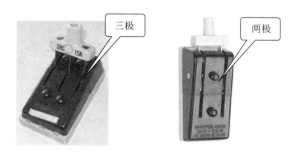

图1-1-5 闸刀开关的外形及电路符号

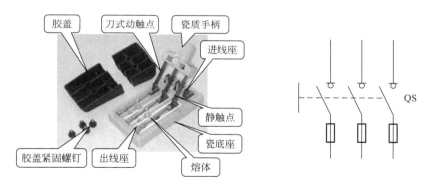

图1-1-6 闸刀开关的结构与电路符号

闸刀开关的型号及含义表示如下。

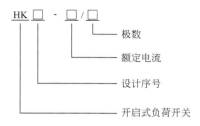

2. 开启式负荷开关的安装使用

（1）闸刀开关必须垂直安装在控制屏或开关板上且合闸状态时手柄应朝上。

（2）用闸刀开关控制照明和电热负载时，要接熔断器作短路和过载保护。并且电源进线端接在静触点一边的进线端，负载接在动触点一边的出线端。

（3）更换熔体时，必须在闸刀断开的情况下按原规格更换。

（4）分闸和合闸时动作要迅速，以使电弧尽快熄灭。

3. 封闭式负荷开关

封闭式负荷开关俗称铁壳开关，其外形如图1-1-7所示，结构及电路符号如图1-1-8所示。其灭弧性能、操作性能、通断性能和安全防护性能都优于开启式负荷开关。可用于手动不频繁地接通和断开带负载的电路以及作为线路末端的短路保护，也可用于控制15kW以下的交流电动机不频繁地直接启动和停止。

图1-1-7　HH系列封闭式负荷开关

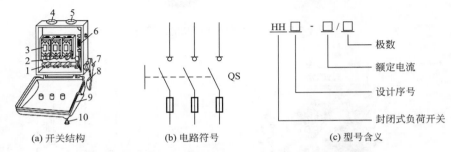

(a) 开关结构　　　　　　(b) 电路符号　　　　　　(c) 型号含义

图1-1-8　封闭式负荷开关的结构、电路符号及型号含义

1—动触刀；2—静夹座；3—熔断器；4—进线孔；5—出线孔；6—速断弹簧；
7—转轴；8—手柄；9—罩盖；10—罩盖锁紧螺栓

4. 封闭式负荷开关的安装使用

（1）封闭式负荷开关必须垂直安装，安装高度一般离地不低于1.3～1.5m。

（2）外壳的接地螺钉必须可靠接地。

（3）电源进线接在静夹座一边的接线端子上，负载引线接在熔断器一边的接线端子上，且进出线必须穿过开关的进出线孔。

（4）操作时，要站在开关的手柄侧，以防铁壳飞出伤人。

三、组合开关

组合开关又称为转换开关，如图1-1-9所示是常见组合开关的实物图。组合开关具有体积小、触点对数多的特点，常用于手动不频繁地接通和断开电路、换接电源和负载以及控制5kW以下小容量异步电动机的启动、停止和正反转。HZ系列组合开关的结构与电路符号如图1-1-10所示。

HZ3-132型组合开关是一种专为控制小容量三相异步电动机的正反转而设计生产的组合开关，俗称倒顺开关。如图1-1-11所示为HZ3-132型组合开关（倒顺开关）示意图。

组合开关的安装使用如下。

（1）HZ10系列组合开关应安装在控制箱内，开关最好装在箱内右上方，并且在它的上方不能安装其他电器。

（2）组合开关安装完后，开关在断开状态下，应使手柄在水平旋转位置。

（3）组合开关的通断能力较低，不能用来分断故障电流。

（4）当操作频率过高时，应降低开关的容量使用。

图1-1-9　常见组合开关实物图

图1-1-10　HZ系列组合开关电路符号及型号含义

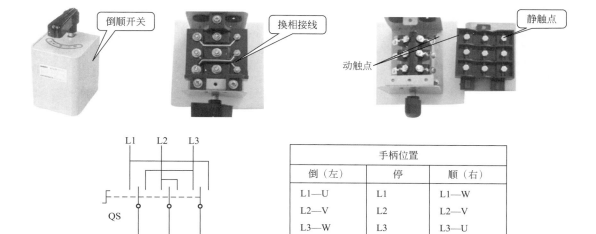

图1-1-11　HZ3-132型组合开关示意图

技能实训

一、实训目标

掌握低压开关的识别与检测。

二、实训设备与器材

（1）电工常用工具。

（2）MF47型万用表、断路器。

三、实训内容与步骤

1. 识别低压开关

主要对低压开关的外形及铭牌数据进行识别。如图1-1-12所示是DZ47-60型断路器的铭牌识别。

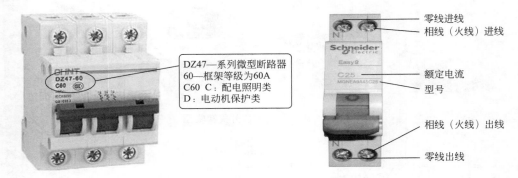

图1-1-12　DZ47-60型断路器的铭牌识别

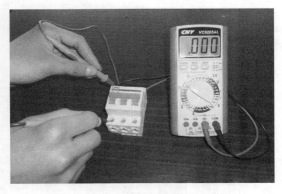

图1-1-13　自动断路器检测示意图

2. 检测低压开关

（1）外观检查低压开关外壳应无破损，接线柱无摔坏或烧焦现象，否则应及时更换。

（2）将自动断路器扳到合闸位置，用万用表电阻挡测量各对触点之间的接触情况。用万用表（欧姆 $R \times 1$ 挡）表笔分别接进线端和出线端时 $R = 0\Omega$；断开手柄 $R = \infty$。以上有一项不合格者，则需要进行修复或更换。如图1-1-13所示为自动断路器的检测示意图。

（3）闸刀开关的检查，应先外观检查动触刀和静触座接触是否歪扭；刀开关手柄转动是否灵活。然后合上手柄，用万用表（欧姆 $R \times 1$ 挡）表笔分别接进线端和出线端时 $R = 0\Omega$；断开手柄 $R = \infty$。以上有一项不合格者，则需要进行修复。

四、评价与考核

（1）按照步骤提示，在教师指导下对低压电器进行识别与检测操作，并填写表1-1-1。

表1-1-1　记录检测表

项目	评分标准		配分	得分
识别低压开关	①写错或漏写名称 ②写错或漏写型号 ③写错符号	每次扣5分 每次扣5分 每次扣5分	40分	
检测低压开关	①仪表使用错误 ②检测方法有误 ③检测结果有误 ④不会检测	扣10分 扣20分 扣10分 扣40分	40分	
低压断路器结构	①不能识别主要部件的作用 ②参数漏写或写错	每次扣5分 每次扣5分	20分	

（2）综合评价　针对本任务的学习情况，根据表1-1-2所示进行综合评价评分。

表1-1-2　综合评价表

评价项目	评价内容及标准	配分	评价方式		
			自我评价	小组评价	教师评价
职业素养	学习态度主动，积极参与教学活动	10			
	与同学协作融洽，团队合作意识强	20			
专业能力	明确工作任务，按时、完整地完成工作页，问题回答正确	20			
	施工前的准备工作完善、到位	10			
	现场施工完成质量情况	20			
创新能力	学习过程中提出具有创新性、可行性的建议	10			
	及时解决学习过程中遇到的各种问题	10			
学生姓名		综合评价得分			
指导教师		日期			

任务二　认识熔断器

知识目标

1. 熟悉熔断器的基本功能、基本结构和工作原理及型号的意义。
2. 熟记低压熔断器的图形符号与文字符号。

能力目标

能够正确识别、选择、安装和使用低压熔断器。

素质目标

1. 培养学生安全文明生产的意识、认真负责的态度。
2. 培养学生的表述与合理辩解能力。
3. 培养学生独立解决问题的能力和电工的责任感。

基础知识

　　低压熔断器是一种应用广泛的最简单有效的保护电器，常在低压配电电路和电动机控制电路中起短路保护，使用时需串联在被保护电路中。如图1-2-1所示为几种常见型号的熔断器。

　　正常情况下，熔断器的熔体相当于一段导线；当电路发生短路故障时，熔体能迅速熔断而分断电路，起到保护线路和电气设备的作用。

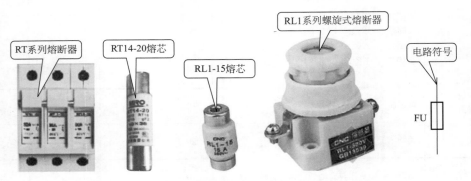

图1-2-1　常见熔断器及电路符号

1. 熔断器的结构

熔断器主要由熔体、安装熔体的熔管和熔座三部分组成。

熔体是熔断器的核心，常做成丝状、片状或栅状，制作熔体的材料一般有铅锡合金、锌、铜、银等。

熔管是熔体的保护外壳，用耐热绝缘材料制成，在熔体熔断时兼有灭弧作用。

熔座是熔断器的底座，作用是固定熔管和外接引线。

2. 熔断器的型号及含义

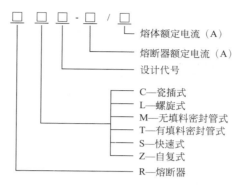

例如型号RL1-60/30的含义如下。

3. 常见熔断器介绍

（1）RC1系列瓷插式熔断器 RC1系列熔断器的外形与结构如图1-2-2所示。该系列熔断器的特点：结构简单、更换方便、价格低廉，一般用于交流50Hz、额定电压380V及以下，或额定电流200A及以下的低压线路末端或分支电路中，作为电气设备的短路保护及一定程度上的过载保护。

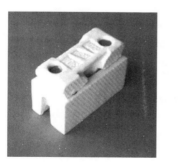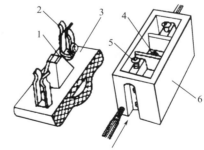

图1-2-2 RC1系列熔断器的外形与结构

1—熔丝；2—动触点；3—瓷盖；4—空腔；5—静触点；6—瓷座

（2）RL1系列螺旋式熔断器 RL1系列螺旋式熔断器的外形与结构如图1-2-3所示。该系列熔断器的熔断管内，在熔丝的周围填充着石英砂以增强灭弧性能。熔丝被焊在瓷管两端的金属盖上，其中一端有一个标有颜色的熔断指示器，当熔丝熔断时，熔断指示器自动脱落，以便于观察，此时只需更换相同规格的熔断管即可。

该系列熔断器可用于控制箱、配电屏、机床设备及振动较大的场合，在交流额定电压

500V、额定电压200A及以下的电路中，作为短路保护器件。

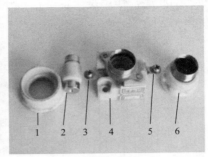

图1-2-3　RL1系列螺旋式熔断器的外形与结构

1—瓷套；2—熔断管；3—下接线座；4—瓷座；5—上接线座；6—瓷帽

（3）RM10系列封闭管式熔断器　如图1-2-4所示为RM10系列熔断器的外形与结构。该系列熔断器采用钢纸管作熔管，变截面锌片作熔体，因此灭弧比较容易。适用于交流50Hz、额定电压380V或直流440V及以下的电压等级的动力网络和成套配电设备中，作为导线、电缆及较大容量电气设备的短路和连续过载保护。

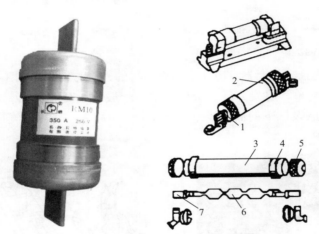

图1-2-4　RM10系列熔断器的外形与结构

1—夹座；2—熔断管；3—钢纸管；4—黄铜套管；5—黄铜帽；6—熔体；7—刀型夹头

（4）RT系列有填料封闭管式熔断器　如图1-2-5所示为RT0系列熔断器的外形与结构。该系列的熔断器是一种大分断能力的熔断器，广泛用于短路电流较大的电力输配电系统中，作为电缆、导线和电气设备的短路保护及导线、电缆的过载保护。

RT0系列有填料封闭管式熔断器配有熔断指示装置，熔体熔断后，有明显的显示信号，这时可使用配备的专用绝缘手柄在带电的情况下更换熔管，装取方便，安全可靠。

（5）RS0、RS3系列有填料快速熔断器　如图1-2-6所示为快速熔断器的外形图。快速熔断器结构简单、动作灵敏度高。主要用于半导体硅整流元件的过电流保护。RS0、RS3系列适用于半导体整流元件和晶闸管的短路和过载保护，它们的结构相同，但RS3系列的动作更快，分断能力更高。

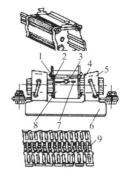

图1-2-5　RT0系列熔断器的外形与结构

1—熔断指示器；2—石英砂填料；3—指示器熔丝；4—夹头；5—夹座；6—底座；7—熔体；8—熔管；9—锡桥

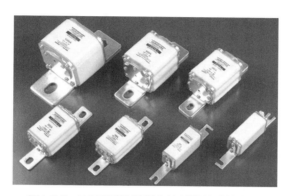

图1-2-6　RS系列熔断器有填料的快速熔断器

（6）自复式熔断器　如图1-2-7所示为自复式熔断器的外形图。

图1-2-7　自复式熔断器的外形图

自复式熔断器具有限流作用明显、动作时间短、动作后不需更换熔体等优点。

其工作原理是：在故障短路电流产生的高温下，其中的局部液态金属钠迅速气化而蒸发，阻值剧增，即瞬间呈现高阻状态，从而限制了短路电流。当故障消失后，温度下降，金属钠蒸气冷却并凝结，自动恢复至原来的导电状态。

4. 熔断器的选择原则

主要依据负载的保护特性和短路电流的大小选择熔断器的类型。

（1）对于容量小的电动机和照明支线，常采用熔断器作为过载及短路保护，因而希望熔体的熔化系数适当小些。

（2）对于较大容量的电动机和照明干线，则应着重考虑短路保护和分断能力。通常选用具有较高分断能力的RT系列和RL1系列的熔断器。

（3）当短路电流很大时，宜采用具有限流作用的RT0和RT12系列的熔断器。

5. 熔体额定电流的选择原则

（1）保护无启动过程的平稳负载如照明线路、电阻、电炉等时，熔体额定电流略大于或等于负荷电路中的额定电流。

（2）保护单台长期工作的电动机，熔体电流可按最大启动电流选取，公式为 $I_{RN} \geqslant (1.5 \sim 2.5) I_N$。式中，$I_{RN}$ 为熔体额定电流，I_N 为电动机额定电流。如果电动机频繁启动，式中系数可适当加大至 $3 \sim 3.5$，具体应根据实际情况而定。

（3）保护多台长期工作的电动机，（供电干线）熔体电流计算公式为 $I_{RN} \geqslant (1.5 \sim 2.5) I_{N\max} + \Sigma I_N$。式中，$I_{N\max}$ 为容量最大单台电动机的额定电流，ΣI_N 为其余电动机额定电流之和。

6. 熔断器的安装使用原则

（1）用于安装使用的熔断器应完好无损。

（2）熔断器安装时应保证熔体与夹头、夹头与夹座接触良好。螺旋式熔断器在装接使用时，电源进线应接在下接线座，负载线应接在上接线座。

（3）熔断器内要安装合格、合适的熔体。

（4）更换熔体或熔管时，必须切断电源。

（5）对RM10系列熔断器，在切断过三次相当于分断能力的电流后，必须更换熔断管。

（6）熔体熔断后，应分析原因排除故障后，再更换新的熔体。

（7）熔断器兼作隔离器件使用时，应安装在控制开关的电源进线端。

技能实训 👆

一、实训目标

掌握熔断器的识别与检测。

RL1—螺旋式熔断器
60—额定电流60A

图1-2-8　RL1-60型熔断器

二、实训设备与器材

（1）电工常用工具。

（2）MF47型万用表、熔断器。

三、实训内容与步骤

1. 识别低压熔断器

主要对低压熔断器的外形及铭牌数据进行识别。如图1-2-8所示是RL1-60型熔断器的铭牌识别。

2. 检测低压熔断器

（1）低压熔断器及熔体外观检查应完好无损，并应有额定电压、额定电流值的标注。

（2）熔体的检测。用万用表欧姆挡测量熔体两端时，电阻值正常应为 $R = 0\Omega$，否则，表明熔体是坏的。

四、评价与考核

（1）按照步骤提示，在教师指导下进行识别与检测操作，并正确填写表1-2-1。

表 1-2-1 记录检测表

项目	评分标准		配分	得分
识别熔断器	①写错或漏写名称 ②写错或漏写型号 ③写错符号	每次扣5分 每次扣5分 每次扣5分	40分	
检测熔断器	①仪表使用错误 ②检测方法有误 ③检测结果有误 ④不会检测	扣10分 扣20分 扣10分 扣40分	40分	
熔断器结构	①主要部件的作用写错 ②参数漏写或写错	每次扣5分 每次扣5分	20分	

（2）综合评价　针对本任务的学习情况，根据表1-2-2所示进行综合评价评分。

表 1-2-2 综合评价表

评价项目	评价内容及标准	配分	评价方式		
			自我评价	小组评价	教师评价
职业素养	学习态度主动，积极参与教学活动	10			
	与同学协作融洽，团队合作意识强	20			
专业能力	明确工作任务，按时、完整地完成工作页，问题回答正确	20			
	施工前的准备工作完善、到位	10			
	现场施工完成质量情况	20			
创新能力	学习过程中提出具有创新性、可行性的建议	10			
	及时解决学习过程中遇到的各种问题	10			
学生姓名		综合评价得分			
指导教师		日期			

任务三 认识主令电器

知识目标

1. 熟悉各类主令电器的功能、结构、工作原理以及型号含义。
2. 熟记其图形符号与文字符号。

能力目标

能够正确识别、选择、安装和使用主令电器。

素质目标

1. 培养学生安全文明生产的意识、认真负责的态度。
2. 培养学生的表述与合理辩解能力。
3. 培养学生独立解决问题的能力和电工的责任感。

基础知识 👆

主令电器就是用于接通或断开控制电路以发出指令或作程序控制的开关电器。

一、按钮

按钮是一种手动控制器件，通常用来接通或断开小电流控制的电路，如图1-3-1所示为几种常见的按钮。它不直接去控制主电路的通断，而是在控制电路中发出"指令"去控制接触器、继电器的吸合与断开，再由它们去控制主电路。按钮的触点允许通过的电流较小，一般不超过5A。

图1-3-1 常见的按钮

1. 按钮的分类

按钮按不受外力作用时触点的分合状态，可分为以下几种。

（1）常开按钮：未按下时，触点是断开的；按下时，触点是闭合的；当松开时，按钮自动复位。

（2）常闭按钮：与常开按钮相反。

（3）复合按钮：将常开按钮和常闭按钮组合为一体。按下复合按钮时，其常闭触点先断开，然后常开触点再闭合；而松开时，常开触点先断开，然后常闭触点再闭合。

另外，根据在电路中的作用按钮又可分为急停按钮、启动按钮、停止按钮、组合按钮、点动按钮和复位按钮等。

2. 型号及其含义

其中，K为开启式，H为保护式，S为防水式，F为防腐式，J为紧急式，X为旋钮式，Y为钥匙操作式，D为光标按钮式。

3. 按钮内部结构与电路符号

（1）按钮内部结构与电路符号如图1-3-2所示。

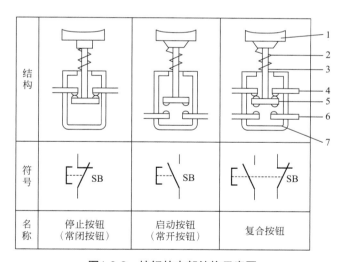

图1-3-2 按钮的内部结构示意图

1—按钮帽；2—复位弹簧；3—支柱连杆；4—常闭静触点；5—桥式动触点；6—常开静触点；7—外壳

（2）急停按钮及钥匙操作时按钮的电路符号如图 1-3-3 所示。

为便于识别，避免发生误动作，生产中可以用不同的颜色来区分按钮的功能和作用，如表1-3-1所示。

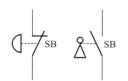

图1-3-3 急停按钮及钥匙操作时按钮的电路符号

表1-3-1　按钮颜色的含义

颜色	含义
红	紧急：危险或紧急情况时操作
黄	异常：异常情况时操作
绿	安全：安全情况和正常情况准备时操作
蓝	强制性的：要求强制动作情况下的操作
白	
灰	未赋予特定含义：除急停以外的一般功能的启动
黑	

4. 按钮的选择

（1）根据使用场合和具体用途选择按钮种类。

（2）根据工作状态指示和工作情况要求，选择按钮或指示灯的颜色，如启动按钮可选用白、灰或黑色，优先选用白色，也允许选用绿色，急停按钮则选用红色。

（3）根据控制回路的需要选择按钮的数量。

5. 按钮的安装使用

（1）按钮安装在面板上时，应布置整齐，排列合理。

（2）同一机床运动部件有几种不同的工作状态时，应使每一对相反状态的按钮安装在一组。

（3）按钮的安装应牢固，安装按钮的金属板或金属按钮盒必须可靠接地。

（4）注意保持触头间的清洁。

（5）光标按钮一般不宜用于需长期通电显示处。

二、行程开关

行程开关又称限位开关，是一种利用生产机械某些运动部件的碰撞来发出控制指令的主令电器。主要用于控制生产机械的运动方向、速度、行程大小或位置，属于自动控制电器。

1. 结构及工作原理

行程开关的作用原理与按钮相同，区别在于它是利用生产机械运动部件的碰压而不是手指的按压，使其触点动作，从而将机械信号转变为电信号，使运动机械按一定的位置或行程实现自动停止、反向运动、变速运动或自动往返运动的。

常用的结构有按钮式（直动式）和旋转式（滚轮式）。图1-3-4所示为几种常用的行程开关。

行程开关主要由操作机构、触点系统和外壳组成。图1-3-5所示为行程开关的内部结构与电路符号。

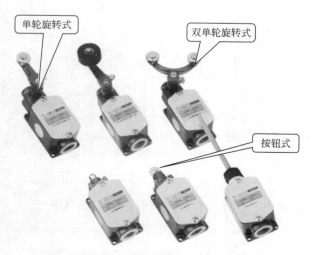

图1-3-4　几种常用的行程开关

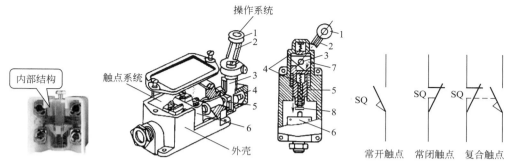

图1-3-5　行程开关内部结构和电路符号

1—滚轮；2—杠杆；3—转轴；4—复位弹簧；5—撞块；6—微动开关；7—凸轮；8—调节螺钉

行程开关的触点类型有一常开一常闭、一常开二常闭、二常开一常闭、二常开二常闭等多种形式。其动作情况如图1-3-6所示。

图1-3-6　行程开关的动作情况

2. 行程开关的型号含义

目前机床中常用LX19和JLXK1系列，其型号及其含义如下。

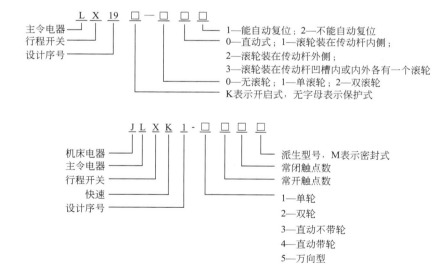

如图1-3-7所示为JLXK1系列行程开关外形图。

行程开关动作后，按其复位方式，又分为自动复位和非自动复位两种。自动复位式即当挡铁移开后，在复位弹簧的作用下，行程开关的各部分能自动恢复到原始状态；非自动复位式只有在运动机械反向移动，挡铁从相反方向碰压另一滚轮时，触点才能复位。

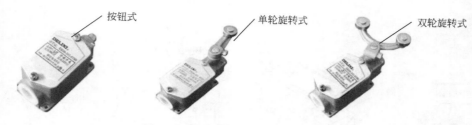

图1-3-7　JLXK1系列行程开关外形图

3. 行程开关的安装使用

（1）在安装行程开关时，要检查挡铁在行走到位时能否碰撞行程开关头，切不可碰撞在行程开关中间或其他部位。

（2）在安装时或在检查行程开关时，要把它固定牢固，并用手拨动或压动行程开关动作头，仔细听声音，检查是否有"啪"的响声，如果没有，应打开行程开关，调节连接微动开关与动作轴的螺钉。

三、接近开关

接近开关，又称为无触点行程开关，是一种与运动部件无机械接触而能操作的行程开关。当运动的物体靠近开关到一定位置时，开关即发出信号，从而达到行程控制、计数与自动控制的作用。图1-3-8所示是接近开关的外形，图1-3-9所示是接近开关的电路符号。

图1-3-8　几种常用接近开关的外形

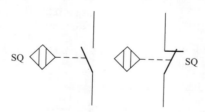

图1-3-9　接近开关的电路符号

接近开关的型号及含义表示如下。

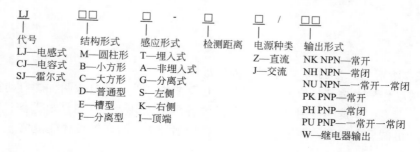

LJ	□□	□ -	□	□ /	□□
代号	结构形式	感应形式	检测距离	电源种类	输出形式
LJ—电感式	M—圆柱形	T—埋入式		Z—直流	NK NPN—常开
CJ—电容式	B—小方形	A—非埋入式		J—交流	NH NPN—常闭
SJ—霍尔式	C—大方形	G—分离式			NU NPN——常开一常闭
	D—普通型	S—左侧			PK PNP—常开
	E—槽型	K—右侧			PH PNP—常闭
	F—分离型	I—顶端			PU PNP——常开一常闭
					W—继电器输出

接近开关除了可以完成行程控制和限位控制外，还是一种非接触型的检测装置，用作检测零件尺寸和测速，也可用于变频计数器、变频脉冲发生器、液面控制和加工程序的自动衔接等。

根据对物体"感知"方法的不同，可以把接近开关分为以下几种。

1. 电感式接近开关

电感式接近开关也称为涡流式接近开关，其所能检测的物体必须是导电体。

电感式接近开关的工作原理是：当被测的导电物体在接近这个能产生电磁场的接近开关时，接近开关能使物体内部产生涡流，这个涡流又反作用到接近开关，使开关内部电路参数发生变化，从而控制开关的通或断。

2. 电容式接近开关

电容式接近开关可以检测金属导体，也可以检测绝缘的液体或粉状物。

其工作原理是：这种开关的测量头构成电容器的一个极板，而另一个极板是开关的外壳。这个外壳在测量过程中通常是接地或与设备的机壳相连接。当有物体移向接近开关时，不论它是否为导体，由于它的接近，总要使电容的介电常数发生变化，从而使电容量发生变化，使得和测量头相连的电路状态也随之发生变化，由此便可控制开关的接通或断开。

3. 霍尔接近开关

霍尔接近开关的检测对象必须是磁性物体。

霍尔元件是一种磁敏元件。当磁性物件移近霍尔开关时，开关检测面上的霍尔元件因产生霍尔效应而使开关内部电路状态发生变化，由此识别附近有磁性物体存在，进而控制开关的通或断。

4. 光电式接近开关

利用光电效应做成的开关叫光电开关。将发光器件与光电器件按一定方向装在同一个检测头内，当有反光面（被检测物体）接近时，光电器件接收到反射光后便有信号输出，由此便可"感知"到有物体接近。

光电式接近开关几种常见的接线方法如图 1-3-10 所示。

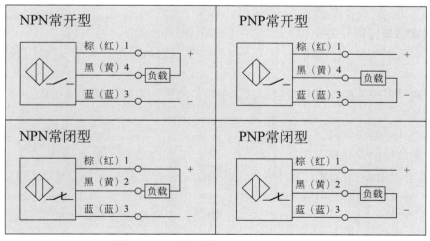

图1-3-10 光电式接近开关的接线方法

四、万能转换开关

万能转换开关是一种具有多个操作位置，能够换接多个电路的手动电器。如图 1-3-11 所示为几种常见万能转换开关的外形。它由多组相同的触点组件叠装而成，可用于控制线路的转换及电气仪表测量的转换，也可用于控制小容量异步电动机的启动、换向及变速。

图1-3-11　万能转换开关的外形

常用的万能转换开关有LW5、LW6、LW8等系列。万能转换开关的符号如图1-3-12所示。

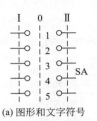

触点号	Ⅰ	0	Ⅱ
1	+	+	
2		+	+
3	+	+	
4		+	+
5	+	+	

(a) 图形和文字符号　　　(b) 通断表

图1-3-12　万能转换开关的符号

一、实训目标

掌握按钮与行程开关的识别与检测。

二、实训设备与器材

（1）电工常用工具。

（2）MF47型万用表、按钮、行程开关。

三、实训内容与步骤

1. 识别按钮与行程开关

（1）识别按钮的型号和颜色的意义，一般红色按钮是停车、开断；绿或黑按钮是启动、工作、点动。

（2）识别行程开关的外形与型号。认识单轮旋转式、双轮旋转式等结构。

2. 检测按钮

（1）检查外观是否完好。

（2）检测按钮的常开和常闭触点（动合、动断）工作是否正常。

① 常闭按钮触点的检测。用万用表（欧姆挡）表笔分别接触按钮的常闭触点两接线端时 $R = 0\Omega$。当按下按钮时其两端 $R = \infty$。

② 常开按钮触点的检测。用万用表（欧姆挡）表笔分别接触按钮的常开触点两接线端时 $R = \infty$；当按下按钮时其两端 $R = 0\Omega$。

3. 检测行程开关

（1）外观检查是否完好。

（2）手动操作检测。用万用表检查位置开关的常开和常闭（动合、动断）工作是否正常。

① 常闭触点检测。当用万用表（欧姆挡）表笔分别接触常闭触点的两接线端时 $R=0\Omega$；手动操作后其 $R=\infty$。

② 常开触点检测。当用万用表（欧姆挡）表笔分别接触常开触点的两接线端时 $R=\infty$；手动操作后其 $R=0\Omega$。

四、评价与考核

（1）按照步骤提示，在教师指导下进行识别与检测操作，并填写表1-3-2。

表1-3-2　记录检测表

项目	评分标准		配分	得分
识别行程开关	①写错或漏写名称 ②写错或漏写型号 ③写错符号	每次扣5分 每次扣5分 每次扣5分	40分	
检测行程开关	①仪表使用错误 ②检测方法有误 ③检测结果有误 ④不会检测	扣10分 扣20分 扣10分 扣40分	40分	
行程开关结构	①主要部件的作用写错 ②参数漏写或写错	每次扣5分 每次扣5分	20分	

（2）综合评价　针对本任务的学习情况，根据表1-3-3所示进行综合评价评分。

表1-3-3　综合评价表

评价项目	评价内容及标准	配分	评价方式		
			自我评价	小组评价	教师评价
职业素养	学习态度主动，积极参与教学活动	10			
	与同学协作融洽，团队合作意识强	20			
专业能力	明确工作任务，按时、完整地完成工作页，问题回答正确	20			
	施工前的准备工作完善、到位	10			
	现场施工完成质量情况	20			
创新能力	学习过程中提出具有创新性、可行性的建议	10			
	及时解决学习过程中遇到的各种问题	10			
学生姓名		综合评价得分			
指导教师		日期			

任务四 认识接触器

知识目标

1. 熟悉接触器的分类、功能、基本结构、基本原理与型号含义。
2. 熟记其图形符号与文字符号。

能力目标

1. 能够正确识别、选择、安装接触器。
2. 能够正确使用与拆装、检修、校验交流接触器。

素质目标

1. 培养学生安全文明生产的意识、认真负责的态度。
2. 培养学生的表述与合理辩解能力。
3. 培养学生独立解决问题的能力和电工的责任感。

基础知识

接触器是一种自动的电磁式开关，如图1-4-1所示为几种常见的接触器的外形。接触器是一种适用于远距离频繁地接通或断开交直流主电路及大容量控制电路的开关。其主要控制对象是电动机，也可控制其他负载。接触器按照主触点所通过的电流的种类，可以分为交流接触器和直流接触器两种。

图1-4-1　部分接触器的实物图

一、交流接触器

下面以 CJ10 系列为例来进行介绍。

1. 结构

交流接触器主要由电磁系统、触点系统、灭弧装置和辅助部件等几部分组成。如图 1-4-2 所示为交流接触器的结构。

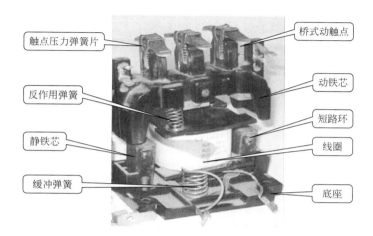

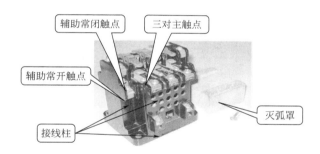

图1-4-2　交流接触器的结构

2. 型号及其含义

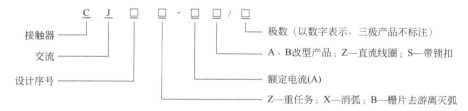

3. 交流接触器工作原理

电磁线圈通电后，线圈电流产生磁场，使静铁芯产生足够的吸力克服弹簧反作用力将动铁芯向下吸合，三对动合主触点闭合，同时动合辅助触点闭合，动断辅助触点断开。当电磁线圈断电后，静铁芯吸力消失，动铁芯在弹簧反作用力的作用下复位，各触点也跟着一起复位。

4. 交流接触器的符号

如图 1-4-3 所示为交流接触器的线圈和触点的电路符号。

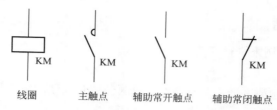

图1-4-3　交流接触器的电路符号

5. 交流接触器的安装

（1）安装前要进行铭牌与线圈的技术参数、外观、清洁情况及线圈电阻和绝缘电阻的检查。

（2）一般要安装在垂直面上，倾斜度不超过5°；为了散热，应将有孔的一面放在垂直方向上；安装接线时注意不要将零件掉落到接触器的内部。

6. 交流接触器的检修

交流接触器是一种典型的电磁式继电器，下面的常见故障及其处理方法，同样也适用于其他电磁式继电器，如中间继电器、电流继电器等。

（1）触点系统

① 触点过热：通过动静触点间的电流过大。可能的原因是：系统电压过高或过低；用电设备超负荷运行；触点容量选择不当或故障运行。动静触点间的接触电阻过大也会引起触点过热。

② 触点磨损：触点在使用过程中，其厚度会越来越薄。造成这一现象的原因有两种：电磨损和机械磨损。一般情况下，当触点磨损至超过原有厚度的1/2时，应更换新的触点。

③ 触点熔焊：动、静触点接触面熔化后焊在一起不能分断的现象，称为触点熔焊。引起这一现象的原因可能是接触器容量选择不当，或触点压力弹簧损坏使触点压力过小，或因线路过载使流过触点的电流过大等。

（2）电磁系统

① 铁芯噪声大：衔铁与铁芯的接触面接触不良或衔铁歪斜；短路环损坏；机械方面触点压力过大或活动部分受阻等。

② 衔铁不释放：触点熔焊；机械部分卡阻；反作用弹簧损坏；铁芯端面有油污等。

③ 线圈过热或烧毁：线圈匝间短路；铁芯与衔铁闭合时有间隙；线圈两端电压过高或过低。

二、直流接触器

直流接触器主要是供远距离接通和分断额定电压440V、额定电流1600A以下直流电路及频繁地操作和控制直流电动机的一种自动控制电器，如图1-4-4所示。其结构及工作原理与交流接触器基本相同。

图1-4-4　直流接触器实物图

1. 型号及其含义

2. 直流接触器的结构组成

如图1-4-5所示，直流接触器主要由电磁系统、触点系统和灭弧装置三大部分组成。

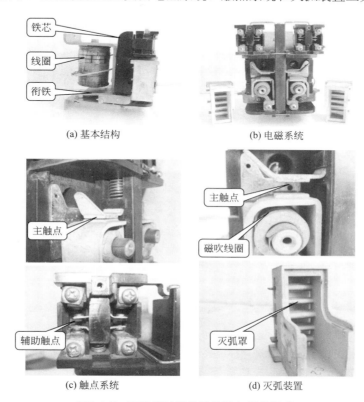

(a) 基本结构   (b) 电磁系统

(c) 触点系统   (d) 灭弧装置

图1-4-5　直流接触器的结构及各部分组成

三、接触器的选用原则

在选择接触器时，主要从类型、主触点的额定电压和额定电流、线圈额定电压、触点的种类和数量等几个方面来考虑。

1. 选择接触器的类型

根据接触器所控制的负载性质选择接触器的类型。

2. 选择接触器主触点的额定电压

接触器主触点的额定电压应大于或等于所控制线路的额定电压。

3. 选择接触器主触点的额定电流

接触器主触点的额定电流应大于或等于负载的额定电流。

4. 选择接触器吸引线圈的额定电压

若控制线路简单，可直接选用380V或220V的电压。若遇到线路较复杂，可选用36V或

110V电压的线圈。

5. 选择接触器触点的数量和种类

接触器的触点数量和种类应满足控制线路的要求。

【知识拓展】

下面介绍几种常用的接触器。

1.机械联锁(可逆)交流接触器

机械联锁(可逆)交流接触器实际上是由两个相同规格的交流接触器再加上机械联锁机构和电器联锁机构所组成的。它可以保证在任何情况下(包括因机械振动或误操作而发出指令等)两台交流接触器都不能同时吸合，当一台接触器断开后，另一台接触器才能闭合，能有效防止电动机正、反换向时出现相间短路故障。机械联锁接触器主要用于电动机的可逆控制和双路电源的自动切换，也可用在需要频繁地进行可逆换接的电气设备上。生产厂家通常将机械联锁结构和电气联锁结构以附件的形式提供。

2.切换电容器接触器

切换电容器接触器专用于在低压无功补偿设备中投入或切除并联电容器组，以调整用电系统的功率因数。切换电容器接触器带有抑制浪涌装置，能有效地抑制接通电容器组时出现的合闸涌流对电容器的冲击和断开时的过电压。其结构设计为正装式，灭弧系统采用封闭式自然灭弧。接触器既可采用螺钉安装又可采用标准卡轨安装。

3.真空交流接触器

真空交流接触器以真空为灭弧介质，其主触头封闭在真空管内。由于其灭弧过程是在密封的真空容器中完成的，电弧和灼热的气体不会向外界喷溅，所以开断性能稳定可靠，不会污染环境，特别适用于条件恶劣的环境中，如有易燃易爆物质存放处、煤矿井下等危险场所。

技能实训

一、实训目标

掌握交流接触器的识别与检测。

二、实训设备与器材

（1）电工常用工具。
（2）MF47型万用表、交流接触器。

三、实训内容与步骤

1. 识别接触器

识别接触器的型号含义及图形符号，认识接触器的结构及其组成。

2. 检测接触器
（1）外观检查交流接触器是否完好无缺，各接线端和螺钉是否完好。
（2）接触器触点的检测　用万用表 $R×1$ 挡检测各触点的分、合情况是否良好。方法是：用手或旋具同时按下动触点并用力均匀（切忌用力过猛，以防触点变形或损坏器件）。
　①常闭触点检测：用万用表表笔分别接触常闭触点的两接线端时 $R=0\Omega$；手动操作后其 $R=\infty$。
　②常开触点检测：用万用表表笔分别接触常开触点的两接线端时 $R=\infty$；手动操作后其 $R=0\Omega$。
（3）用万用表 $R×100\Omega$ 挡检测接触器线圈直流电阻是否正常（一般为 $1.5\sim2\text{k}\Omega$）。
（4）检查接触器线圈电压与电源电压是否相符。

四、评价与考核

（1）按照步骤提示，在教师指导下进行识别与检测操作，并填写表1-4-1。

表1-4-1　记录检测表

项目	评分标准		配分	得分
识别接触器	①写错或漏写名称 ②写错或漏写型号 ③写错符号	每次扣5分 每次扣5分 每次扣5分	40分	
检测接触器	①仪表使用错误 ②检测方法有误 ③检测结果有误 ④不会检测	扣10分 扣20分 扣10分 扣40分	40分	
接触器结构	①主要部件的作用写错 ②参数漏写或写错	每次扣5分 每次扣5分	20分	

（2）综合评价　针对本任务的学习情况，根据表1-4-2所示进行综合评价评分。

表1-4-2　综合评价表

评价项目	评价内容及标准	配分	评价方式		
			自我评价	小组评价	教师评价
职业素养	学习态度主动，积极参与教学活动	10			
	与同学协作融洽，团队合作意识强	20			
专业能力	明确工作任务，按时、完整地完成工作页，问题回答正确	20			
	施工前的准备工作完善、到位	10			
	现场施工完成质量情况	20			
创新能力	学习过程中提出具有创新性、可行性的建议	10			
	及时解决学习过程中遇到的各种问题	10			
学生姓名		综合评价得分			
指导教师		日期			

任务五 认识继电器

知识目标

1. 熟悉继电器的基本功能、基本结构和工作原理及型号的意义。
2. 熟记继电器的图形符号与文字符号。

能力目标

1. 能够正确识别、选择与安装继电器。
2. 能够正确使用与拆装、检修、校验继电器。

素质目标

1. 培养学生安全文明生产的意识、认真负责的态度。
2. 培养学生的表述与合理辩解能力。
3. 培养学生独立解决问题的能力和电工的责任感。

基础知识

一、热继电器

热继电器是一种利用电流所产生的热效应而反时限动作的保护电器。它主要用于电动机的过载保护、断相保护、电流不平衡运行及其他电气设备发热状态的控制。如图 1-5-1 所示为几种常用的热继电器。

图 1-5-1　常用的热继电器实物

1. 热继电器的分类与结构

热继电器有两相结构、三相结构、三相带断相保护装置三种类型；按复位方式分有自动复位式和手动复位式。最常用的是双金属片式结构，如图 1-5-2 所示。

2. 热继电器的电路符号

如图 1-5-3 所示为热继电器的电路符号。

3. 热继电器的工作原理

使用热继电器对电动机进行过载保护时，需要将热元件与电动机的定子绕组串联，将热继电器的常闭触点串联在交流接触器电磁线圈的控制电路中，并调节整定电流调节旋钮，使人字形拨杆与推杆相距一适当距离。

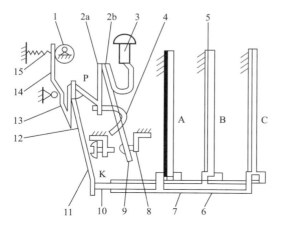

图1-5-2　热继电器的结构

图1-5-3　热继电器的电路符号

1—电流调节凸轮；2—片簧（2a，2b）；3—手动复位按钮；4—弓簧片；5—主金属片；
6—外导板；7—内导板；8—常闭静触点；9—动触点；10—杠杆；11—常开静触点
（复位调节螺钉）；12—补偿双金属片；13—推杆；14—连杆；15—压簧

当电动机正常工作时：通过热元件的电流即为电动机的额定电流，热元件发热，双金属片受热后弯曲，使推杆刚好与人字形拨杆接触，而又不会推动人字形拨杆。常闭触点处于闭合状态，交流接触器保持吸合，电动机正常运行。

若电动机出现过载时：绕组中电流增大，通过热继电器元件中的电流增大使双金属片温度升得更高，弯曲程度加大，推动人字形拨杆，人字形拨杆推动常闭触点，使触点断开而断开交流接触器线圈电路，使接触器释放、切断电动机的电源，电动机停车而得到保护。热继电器的工作原理如图1-5-4所示。

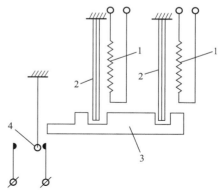

图1-5-4　热继电器工作原理示意图

1—热元件；2—双金属片；3—导板；4—触点

热继电器复位时：电源切除后，双金属片逐渐冷却恢复原位。热继电器的复位机构有手动复位和自动复位两种形式，可根据使用要求通过复位调节螺钉来自由调整选择。一般自动复位时间不大于5min，手动复位时间不大于2min。

热继电器的整定电流大小可通过旋钮来调节。热继电器的整定电流是指热继电器连续工作而不动作的最大电流。超过整定电流，热继电器将在负载未达到其允许的过载极限之前动作。

由于热继电器双金属片受膨胀的热惯性及传动机构传递信号的惰性，热继电器从电动机过载到触点动作需要一定的时间，也就是说，即使电动机严重过载甚至短路，热继电器也不会瞬时动作，因此热继电器不能作短路保护。但也正是这个热惯性和机械惰性，保证了热继电器在电动机启动或短时过载时不会动作，从而满足了电动机的运行要求。

4. 热继电器的选用原则

选择热继电器时，主要根据所保护电动机的额定电流来确定热继电器的规格和热元件的电流等级。

（1）根据电动机的额定电流选择热继电器的规格。一般应使热继电器的额定电流略大于电动机的额定电流。

（2）根据需要的整定电流值选择热元件的编号和电流等级。一般情况下，热元件的整定电流为电动机额定电流的0.95 ～ 1.05倍。

（3）根据电动机定子绕组的连接方式选择热继电器的结构形式，即定子绕组作Y形连接的电动机选用普通三相结构的热继电器，而作△形连接的电动机应选用三相结构带断相保护装置的热继电器。

二、时间继电器

时间继电器是一种利用电磁原理或机械动作原理来实现触点延时闭合或分断的自动控制电器。如图1-5-5所示是几种常用的时间继电器。

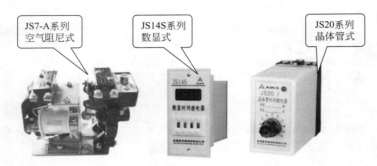

图1-5-5　几种常用的时间继电器

1. JS7-A 系列空气阻尼式时间继电器

（1）结构　空气阻尼式时间继电器又称气囊式时间继电器，是利用气囊中的空气通过小孔节流的原理来获得延时动作的，根据触点延时的特点，可分为通电延时型和断电延时型两种类型。其外形、结构如图 1-5-6 所示。

JS7-A 系列时间继电器主要由电磁系统、延时机构和触点系统三部分组成。电磁系统为直动式双E形电磁铁，延时机构采用气囊式阻尼器，触点系统借用LX5型微动开关。

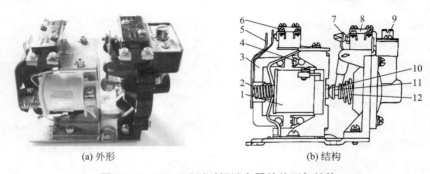

(a) 外形　　　　　　　　　　(b) 结构

图1-5-6　JS7-A系列时间继电器的外形与结构

1—线圈；2—反力弹簧；3—衔铁；4—铁芯；5—弹簧片；6—瞬时触点；7—杠杆；
8—延时触点；9—调节螺钉；10—推杆；11—活塞杆；12—宝塔形弹簧

（2）JS7-A 系列时间继电器的型号含义

（3）时间继电器的电路符号如图1-5-7所示。

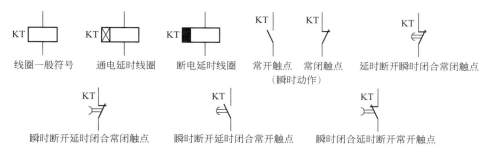

图1-5-7 时间继电器的电路符号

（4）工作原理 JS7-A系列时间继电器的工作原理示意图如图1-5-8所示。

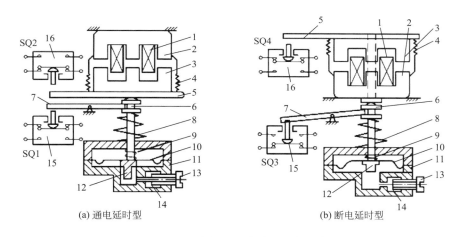

图1-5-8 JS7-A系列空气阻尼式时间继电器的工作原理

1—铁芯；2—线圈；3—衔铁；4—反力弹簧；5—推板；6—活塞杆；7—杠杆；8—宝塔形弹簧；9—弱弹簧；
10—橡胶膜；11—空气室；12—活塞；13—调节螺钉；14—进气孔；15，16—微动开关

通电延时型时间继电器的工作原理分析：当线圈2通电后，铁芯1产生吸力，衔铁3克服反力弹簧4的阻力与铁芯吸合，带动推板5立即动作，压合微动开关SQ2，使其常闭触点瞬时断开，常开触点瞬时闭合。同时活塞杆6在宝塔形弹簧8的作用下向上移动，带动与活塞12相连的橡胶膜10向上运动，运动的速度受进气孔14进气速度的限制。这时橡胶膜下面形成空气较稀薄的空间，与橡胶膜上面的空气形成压力差，对活塞的移动产生阻尼作用，活塞杆带动杠杆7只能缓慢移动。经过一段时间后，活塞才能完成全部行程而压动微动开关SQ1，使其常闭触点断开，常开触点闭合。由于从线圈通电到触点动作需要延时一段时间，因此SQ1的两对触点分别被称为延时闭合瞬时断开的常开触点和延时断开瞬时闭合的常闭触

点。这种时间继电器延时时间的长短取决于进气的快慢，旋动调节螺钉13可调节进气孔的大小，即可达到调节延时时间长短的目的。JS7-A系列时间继电器的延时范围有0.4 ~ 60s和0.4 ~ 180s两种。

当线圈2断电时，衔铁3在反力弹簧4的作用下，通过活塞杆6将活塞推向下端。这时橡胶膜10下方腔内的空气通过橡胶膜10、弱弹簧9和活塞12局部所形成的单向阀迅速从橡胶膜上方气隙中排掉，使微动开关SQ1、SQ2的各对触点均瞬时复位。

2. JS20系列晶体管式时间继电器

晶体管式时间继电器也称为半导体时间继电器或电子式时间继电器。这类时间继电器具

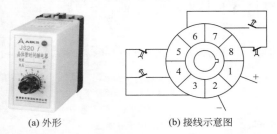

(a) 外形　　　　(b) 接线示意图

图1-5-9　JS20系列时间继电器的外形与接线图

有机械结构简单、延时范围广、精度高、消耗功率小、调整方便及寿命长等优点。常用的JS20系列时间继电器可用于交流50Hz、电压380V及以下或直流110V以下的控制电路。作为时间控制元件，可以按照预定的时间延时，周期性地接通或分断电路。

（1）外形及接线如图1-5-9所示。

（2）型号含义如下所示。

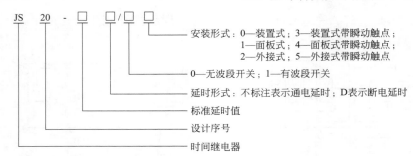

JS　20　-□　□/□　□

安装形式：0—装置式；3—装置式带瞬动触点；
1—面板式；4—面板式带瞬动触点；
2—外接式；5—外接式带瞬动触点
0—无波段开关；1—有波段开关
延时形式：不标注表示通电延时；D表示断电延时
标准延时值
设计序号
时间继电器

三、中间继电器

中间继电器用于继电保护与自动控制系统中，是用来增加控制电路中的信号数量或将信号放大的继电器。

其结构和原理与交流接触器基本相同，区别主要在于中间继电器的触点只能通过比较小的电流。由于中间继电器的触点数量较多，所以可用来控制多个元件和回路。如图1-5-10所示为几种中间继电器的外形，图1-5-11所示为中间继电器的结构，其电路符号如图1-5-12所示。

图1-5-10　中间继电器的外形

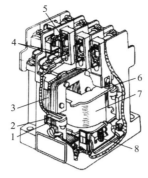

图1-5-11 中间继电器的结构   图1-5-12 中间继电器的电路符号

1—静铁芯；2—短路环；3—衔铁；4—常开触点；
5—常闭触点；6—反作用弹簧；7—线圈；8—缓冲弹簧

四、速度继电器

速度继电器是反映转速和转向的继电器，其主要作用是以旋转速度的快慢为指令信号，与接触器配合实现对电动机的反接制动控制，因此也称为反接制动继电器。图 1-5-13 所示为 JY1 型速度继电器的外形及电路符号，它是利用电磁感应原理工作的感应式速度继电器，广泛用于生产机械运动部件的速度控制和反接控制快速停车，如车床主轴、铣床主轴等。JY1 型速度继电器具有结构简单、工作可靠、价格低廉等特点，故目前仍然有许多生产机械采用。

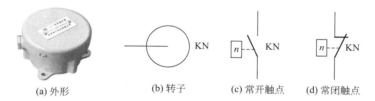

(a) 外形   (b) 转子   (c) 常开触点   (d) 常闭触点

图1-5-13 JY1型速度继电器的外形与电路符号

JY1 型速度继电器的结构如图 1-5-14 所示，它主要由定子、转子、可动支架、触点及端盖等组成。转子由永久磁铁制成，固定在转轴上；定子由硅钢片叠成并装有笼形短路绕组，能作小范围偏转；触点有两组，一组在转子正转时动作，另一组在反转时动作。

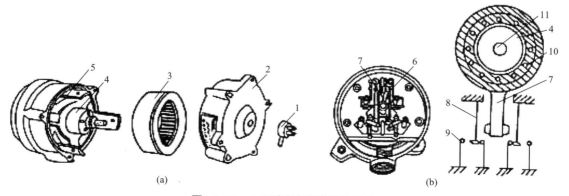

(a)   (b)

图1-5-14 JY1型速度继电器的结构

1—连接头；2—端盖；3—定子；4—转子；5—可动支架；6—触点；7—胶木摆杆；8—簧片；9—静触点；10—绕组；11—轴

使用时，速度继电器的转轴与电动机的转轴连接在一起。当电动机旋转时，速度继电器的转子随之旋转，在空间产生旋转磁场，旋转磁场在定子绕组上产生感应电动势及感应电流，从而产生转矩，使定子偏转。当定子偏转到一定角度时，摆锤推动继电器触点动作；当转速降至某一数值时，摆锤恢复原状态，触点随即复位。

JY1型速度继电器能在3000r/min以下可靠地工作，其动作速度一般在150r/min左右，复位速度在100r/min左右。

五、电流继电器

反映输入量为电流的继电器叫作电流继电器。如图1-5-15所示是常见的JT4系列和JL15系列电流继电器的外形，它是一种当通过线圈的电流达到预定值时动作的继电器。使用时，电流继电器的线圈串联在被测电路中，根据电流的变化而动作。为了降低串入电流继电器线圈后对原电路工作状态的影响，电流继电器线圈的匝数少，导线粗，阻抗小。

电流继电器分为过电流继电器和欠电流继电器两种。

图1-5-15　几种常用电流继电器的外形

1. 过电流继电器

当通过继电器的电流超过预定值时动作的继电器称为过电流继电器。过电流继电器广泛用于直流电动机或绕线转子电动机的控制电路中，用于频繁及重载启动的场合，作为电动机和主电路的过载或短路保护。

（1）过电流继电器的结构与符号　过电流继电器的结构如图1-5-16所示，它主要由线圈、圆柱形铁芯、衔铁、触点系统和反作用弹簧等部分组成。

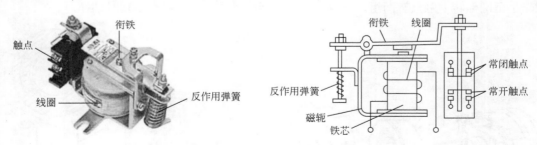

图1-5-16　过电流继电器的结构

当通过继电器线圈的电流为额定值时，电磁系统产生的吸力不足以克服弹簧的反作用力，衔铁不动作；当线圈通过的电流超过预定值时，电磁系统产生的吸力大于弹簧的反作用力，衔铁动作，带动其常闭触点断开，常开触点闭合。调整反作用弹簧的反作用力，可改变继电器的动作电流值。

常用的过电流继电器有JL12、JL14、JL5及JT4等系列，其吸合电流一般为1.1～4倍的额定电流。过电流继电器在电路图中的符号如图1-5-17所示。

图1-5-17 过电流继电器的电路符号

（2）型号含义 JT4系列交流通用继电器及JL14系列电流继电器的型号及含义如下。

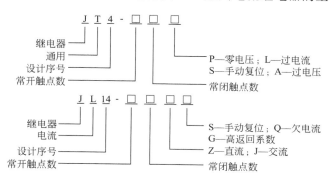

（3）过电流继电器的选用原则

① 过电流继电器的额定电流一般可按电动机长期工作的额定电流来选择。对于频繁启动的电动机，额定电流可选大一个等级。

② 过电流继电器的触点种类、数量、额定电流及复位应满足控制线路的要求。

③ 过电流继电器的整定电流一般取电动机额定电流的1.7～2倍，频繁启动的场合可取电动机额定电流的2.25～2.5倍。

（4）过电流继电器的安装使用原则

① 安装前应检查继电器的额定电流和整定电流值是否符合实际使用要求；继电器的动作部分是否动作灵活、可靠。

② 安装后应在触点不通电的情况下使线圈通电几次，看继电器动作是否可靠。

③ 定期检查继电器各零件是否有松动及损坏现象，并保持触点的清洁。

2. 欠电流继电器

当通过继电器的电流减小到低于其整定值时动作的继电器称为欠电流继电器，它常用于直流电动机和电磁吸盘电路中作弱磁保护。

欠电流继电器的结构与过电流继电器相似，一般当线圈中通入的电流达到额定电流的30％～65％时继电器的衔铁吸合，当线圈中的电流降至额定电流的10％～20％时，继电器的衔铁释放。因此，在电路正常工作时，欠电流继电器的衔铁与铁芯始终是吸合的。当电流降至低于整定值时，欠电流继电器释放，发出信号，从而改变电路的工作状态。欠电流继电器在电路图中的符号如图1-5-18所示。

图1-5-18 欠电流继电器的电路符号

【知识拓展】

　　压力继电器能根据压力源压力的变化情况决定触头的断开或闭合，以便对机械设备提供某种保护或控制。它经常用于机械设备的液压或气压控制系统中。常用的压力继电器有 YJ 系列、YT-126 系列和 TE52 系列等。

　　压力继电器主要由缓冲器、橡胶膜、顶杆、压缩弹簧、调节螺母和微动开关等组成。微动开关和顶杆的距离一般大于 0.2 mm。压力继电器装在油路(或气路、水路)的分支管路中。当管路压力超过整定值时，通过缓冲器和橡胶膜顶起顶杆，推动微动开关使其触头动作。当管路中的压力低于整定值时，顶杆脱离微动开关使其触头复位。

技能实训

一、实训目标

掌握热继电器与时间继电器的识别与检测。

二、实训设备与器材

（1）电工常用工具。

（2）MF47 型万用表、时间继电器、热继电器。

三、实训内容与步骤

1. 识别继电器

识别继电器型号含义及图形符号，认识其结构组成。

2. 检测继电器

（1）外观检查　继电器是否完好无缺，各接线端和螺钉是否完好。

（2）热继电器的检测　用万用表 $R \times 10$ 挡检测各主触点、常闭辅助触点进端和出端间接触是否良好，正常情况下应 $R = 0\Omega$。

（3）时间继电器的检测

① 用万用表 $R \times 10$ 挡检测各触点的分、合情况是否良好。方法是：手动闭合时间继电器线圈，用万用表 $R \times 10$ 挡检测延时触点和瞬时触点闭合和断开情况，延时闭合常开触点当线圈吸合后过 3s 左右触点闭合电阻由无穷大变为零；延时断开常闭触头当线圈吸合后过 3s 左右触点断开电阻由零变为无穷大。

② 用万用表 $R \times 100$ 挡检测时间继电器线圈直流电阻是否正常（一般为 $1.5 \sim 2k\Omega$）。

③ 检查时间继电器线圈电压与电源电压是否相符。

四、评价与考核

（1）按照步骤提示，在教师指导下进行识别与检测操作，并正确填写表 1-5-1。

表1-5-1 记录检测表

检测步骤	评分标准		配分	得分
识别热继电器与时间继电器	①写错或漏写名称 ②写错或漏写型号 ③写错符号	每次扣5分 每次扣5分 每次扣5分	40分	
检测继电器	①仪表使用错误 ②检测方法有误 ③检测结果有误 ④不会检测	扣10分 扣20分 扣10分 扣40分	40分	
继电器结构	①写错主要部件的作用 ②参数漏写或写错	每次扣5分 每次扣5分	20分	

（2）综合评价 针对本任务的学习情况，根据表1-5-2所示进行综合评价评分。

表1-5-2 综合评价表

评价项目	评价内容及标准	配分	评价方式		
			自我评价	小组评价	教师评价
职业素养	学习态度主动，积极参与教学活动	10			
	与同学协作融洽，团队合作意识强	20			
专业能力	明确工作任务，按时、完整地完成工作页，问题回答正确	20			
	施工前的准备工作完善、到位	10			
	现场施工完成质量情况	20			
创新能力	学习过程中提出具有创新性、可行性的建议	10			
	及时解决学习过程中遇到的各种问题	10			
学生姓名		综合评价得分			
指导教师		日期			

任务六 认识电动机保护器

知识目标

1. 熟悉电动机保护器的基本功能、基本结构、工作原理及型号的意义。
2. 熟记电动机保护器的图形符号与文字符号。

能力目标

1. 能够正确识别、选择与安装电动机保护器。
2. 正确使用与拆装、检修、校验电动机保护器。

素质目标

1. 培养学生安全文明生产的意识、认真负责的态度。
2. 培养学生的表述与合理辩解能力。
3. 培养学生独立解决问题的能力和电工的责任感。

基础知识 🖱

电动机保护器是一种新型电子式多功能电动机综合保护装置，如图 1-6-1 所示。它集过（轻）载保护、缺相、过（欠）压、堵转、漏电、接地及三相不平衡保护等低压保护于一身，具有设定精度高、节电、动作灵敏、工作可靠等优点，是传统热继电器的理想替代产品。在电动机出现过流、欠流、断相、堵转、短路、过压、欠压、漏电、三相不平衡、过热、接地、绕组老化时予以报警或保护控制等。

图1-6-1　各种电动机保护器实物图

一、工作原理

电动机保护器通常由电流传感器、比较电路、单片机、出口继电器等几个部分组成。其基本原理及工作过程如下。

传感器将电动机的电流变化线性地反映至保护器的采样端口，经过整流、滤波等环节后，转换成与电动机电流成正比的直流电压信号，并送到相应部分与给定的保护参数进行比较处理，再经单片机回路处理，推动功率回路，使继电器动作，控制电路的通断。

例如过载保护：当电动机由于驱动部分过载导致电流增大时，从电流传感器取得的电压信号将增大，此电压值大于保护器的整定值时，过载回路工作，RC 延时电路经过一定的（可调）延时，驱动出口继电器动作，使接触器切断主回路。欠压及缺相保护等功能部分，工作原理基本相同。

二、电动机保护器的类型

（1）热继电器型：适合普通小容量交流电动机，良好工作条件，不存在频繁启动等恶劣工况。由于精度差，可靠性不能保证，不推荐使用。

（2）电子型：检测三相电流值，整定电流值采用电位器旋钮或拨码开关操作，电路一般采用模拟式，采用反时限或定时限工作特性。保护功能包括过载、缺相、堵转等故障保护，故障类型采用指示灯显示，运行电量采用数码管显示。

（3）智能型：检测三相电流值，保护器使用单片机，实现电动机智能化综合保护，集保护、测量、通信、显示于一体。整定电流采用数字设定，通过操作面板按钮来操作，用户可以根据自己实际使用要求和保护情况在现场自行对各种参数修正设定。采用数码管作为显示窗口，或采用大屏幕液晶显示，能支持多种通信协议，如ModBUS、ProfiBUS等。价格相对高些，用于较重要场合，如今高压电动机保护均采用智能型。

（4）热保护型：在电动机中埋入热元件，根据电动机的温度进行保护，保护效果好，但电动机容量较大时，需与电流监测型配合使用，避免电动机堵转时温度急剧上升，由于测温元件的滞后性，导致电动机绕组受损。

（5）磁场温度检测型：在电动机中埋入磁场检测线圈和温度探头，根据电动机内部旋转磁场的变化和温度的变化进行保护。主要功能包括过载、堵转、缺相、过热保护和磨损监测，保护功能完善。缺点是需在电动机内部安装磁场检测线圈和温度传感器。

三、电动机保护器的安装与接线

下面以UL-E2电动机保护器为例来介绍其安装与接线，如图 1-6-2 所示。

1. 规格选择

根据所需保护电动机的额定电流选择相对应规格的电动机综合保护器。在特殊情况下，大规格电动机综合保护器可用增加穿过保护器匝数的方法，应用在小功率电动机上；5A规格的电动机综合保护器可通过安装于电流互感器二次侧的方法，应用于大功率电动机。

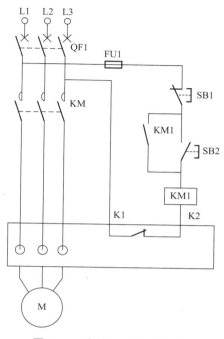

图1-6-2　电动机保护器的接线

2. 安装使用

（1）将交流接触器到电动机的三相电线分别穿过UL-E2电动机综合保护器的三个穿线孔，相序任意。

（2）将UL-E2电动机综合保护器的输出接口串入交流接触器的二次回路，K1、K2任意。

（3）把刻度调节在所要求设定的电流值，一般设定为电动机的额定电流。

技能实训

一、实训目标

掌握电动机的识别、接线与调试。

二、实训设备与器材

（1）电工常用工具。

（2）MF47型万用表、保护器、接触器、电动机、按钮。

三、实训内容与步骤

1. 型号识别

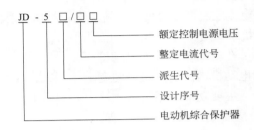

JD - 5 □/□□

额定控制电源电压
整定电流代号
派生代号
设计序号
电动机综合保护器

2. 面板识别

电动机保护器的控制面板如图 1-6-3 所示。

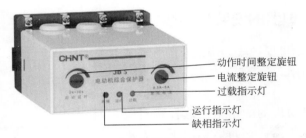

动作时间整定旋钮
电流整定旋钮
过载指示灯
运行指示灯
缺相指示灯

图1-6-3　电动机保护器的控制面板

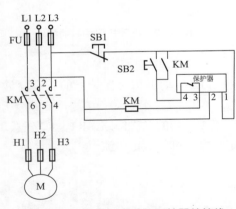

图1-6-4　JD-5系列电动机保护器的接线

3. 参考接线图

如图 1-6-4 所示。

4. 安装与调试

（1）根据电动机实际工作电流选择一个合适规格的保护器。

（2）按照安装图接线。

（3）将动作时间旋钮调到最大。

（4）将电流旋钮调到最大刻度。

（5）启动电动机，在电动机最大负荷时，从大到小调节电流旋钮，直至红灯亮，再将旋钮回调至红灯熄灭。

（6）将动作时间旋钮调到合适刻度。

四、评价与考核

（1）按照步骤提示，在教师指导下进行安装与调整操作，并正确填写表1-6-1。

表1-6-1　记录安装与调整表

检测步骤	评分标准		配分	得分
识别电动机保护器	①写错或漏写名称	每次扣5分	40分	
	②写错或漏写型号	每次扣5分		
	③写错符号	每次扣5分		

续表

检测步骤	评分标准		配分	得分
电动机保护器的安装与接线	①安装错误 ②不符合工艺要求	扣10分 每处扣2分	40分	
参数调整	①不会调整参数 ②参数漏调或错调	扣10分 每处扣5分	20分	

（2）综合评价 针对本任务的学习情况，根据表1-6-2所示进行综合评价评分。

表1-6-2 综合评价表

评价项目	评价内容及标准	配分	评价方式		
			自我评价	小组评价	教师评价
职业 素养	学习态度主动，积极参与教学活动	10			
	与同学协作融洽，团队合作意识强	20			
专业 能力	明确工作任务，按时、完整地完成工作页，问题回答正确	20			
	施工前的准备工作完善、到位	10			
	现场施工完成质量情况	20			
创新 能力	学习过程中提出具有创新性、可行性的建议	10			
	及时解决学习过程中遇到的各种问题	10			
学生姓名		综合评价得分			

项目二
三相异步电动机控制线路的安装

任务一　电路图的识读

知识目标

1. 掌握电路原理图的识读要领、步骤以及绘制原则。
2. 熟记各电气符号的含义。
3. 学会布置图、接线图的识读以及绘制原则。

能力目标

能够自己设计、绘制布置图与接线图。

素质目标

1. 培养学生安全文明生产的意识、认真负责的态度。
2. 培养学生的表述与合理辩解能力。
3. 培养学生独立解决问题的能力和电工的责任感。

基础知识

　　电路图是电气线路和设备的设计、安装、调试和维修的依据。它采用国家统一规定的电气图形符号和文字符号，按照规定的画法，来表示电气系统中各种电气设备、装置、元件的相互关系或连接关系，用来指导各种电气设备、电路的安装接线、运行、维护和管理。它是电气工程语言，是进行技术交流不可缺少的手段。

一、电路图的种类

电路图的种类很多，常用的有电气原理图、电气元件布置图、电气接线图等。

1. 电气原理图

电气原理图是根据生产机械运动形式对电气控制系统的要求，采用国家统一规定的电气图形符号和文字符号，按照电气设备和电器的工作顺序，详细表示电路、设备或成套装置的全部基本组成的连接关系，而不考虑其实际位置的一种简图，如图2-1-1所示。它用来说明电气控制线路的工作原理、各电气元件的相互作用和相互关系。所以它应包括所有电气元件的导电部分和接线端头，而不考虑各元件的实际位置。

（1）主电路：控制电路和其他辅助的信号、照明电路、保护电路一起构成电气控制系统，各电路应沿水平方向独立绘制。

（2）电路中所有电气元件均采用国家标准规定的统一符号表示，其触点状态均按常态画出。主电路一般都画在控制电路的左侧或上面，复杂的系统则分图绘制。所有耗能元件（线圈、指示灯等）均画在电路的最下端。

图形符号应符合GB/T 4728—2008《电气简图用图形符号》的规定。

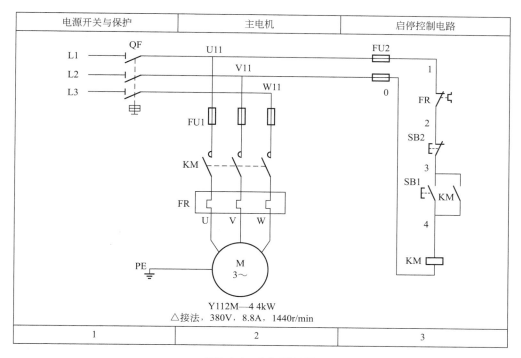

图2-1-1　电气原理图

（3）沿横坐标方向将原理图划分成若干图区，并标明该区电路的功能。继电器和接触器线圈下方的触点表用来说明线圈和触点的从属关系。

对未使用的触点用"X"表示

（4）电气原理图绘制方法和原则如下。

① 在电路图中，主电路、电源电路、控制电路、信号电路分开绘制。

② 无论是主电路还是辅助电路，各电气元件一般应按生产设备动作的先后顺序从上到下或从左到右依次排列，可水平布置或垂直布置。

③ 所有电器的开关和触点的状态，均为线圈未通电状态；手柄置于零位；行程开关、按钮等的接点为不受外力状态；生产机械为开始位置。

④ 为了阅读、查找方便，在含有接触器、继电器线圈的线路单元下方或旁边，可标出该接触器、继电器各触点分布位置所在的区号码。

⑤ 同一电器各导电部分常常不画在一起，应以同一标号注明。

2. 电气元件布置图

电气元件布置图是根据电气元件在控制板上的实际安装位置，采用简化的外形符号（如正方形、矩形、网形等）而绘制的一种简图，如图2-1-2所示。它不表达各电器的具体结构、作用、接线情况以及工作原理，主要用于电气元件的布置和安装，表明电气原理图中所有电气元件、电气设备的实际位置，为电气控制设备的制造、安装提供必要的资料。

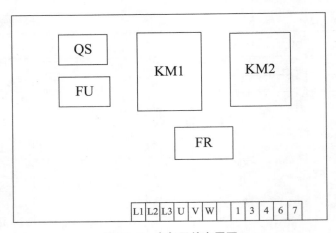

图2-1-2　电气元件布置图

电气元件布置图绘制方法和原则如下。

（1）各电气代号应与有关电路图和电气元件清单上所用列的元器件代号相同。

（2）体积大的和较重的电气元件应该安装在电气安装板下面，发热元件应安装在电气安装板的上面。

（3）经常要维护、检修、调整的电气元件的安装位置不宜过高或过低，图中不需要标注尺寸。

3. 电气接线图

电气接线图是根据电气设备和电气元件的实际位置和安装情况绘制，只用来表示电气设备和电气元件的位置、配线方式和接线方式，而不明显表示电气动作原理的简图，如图 2-1-3 所示，主要为电气控制设备的安装接线、线路的检查维修与故障处理提供必要的资料。

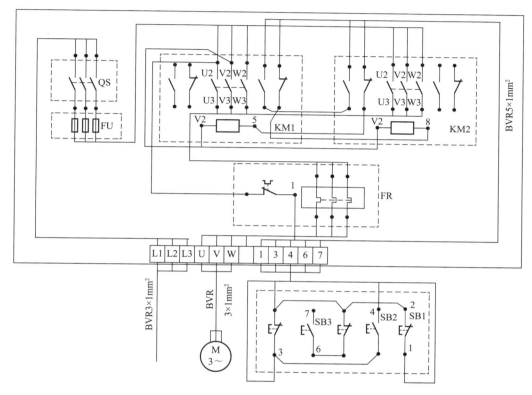

图2-1-3　电气接线图

电气接线图绘制原则如下。

（1）接线图中，各电气元件的相对位置与实际安装的相对位置一致，且所有部件都画在一个按实际尺寸以统一比例绘制的虚线框中。

（2）各电气元件的接线端子都有与电气原理图中相一致的编号。

（3）接线图中应详细地标明配线用的导线型号、规格、标称面积及连接导线的根数。标明所穿管子的型号、规格等，并标明电源的引入点。如图中 BVR5×1mm^2 为聚氯乙烯绝缘软电线、5 根导线、导线截面积为 1mm^2。

（4）安装在电气安装板内外的电气元件之间需通过接线端子板连线。

（5）成束的电线可以用一条实线表示，电线很多时，可在电气接线端只标明导线的线号和去向，不一定将导线全部画出。

二、电路图中常用的电气符号图

电工识图时首先要明白电路图中电气符号所代表的含义，这是看懂电路图的基础。常用的电气符号如表 2-1-1 所示。

表 2-1-1　部分常用电气元件图形、文字符号表

类别	名称	图形符号	文字符号	类别	名称	图形符号	文字符号
开关	单极控制开关		SA	接触器	常开辅助触点		KM
	手动开关一般符号		SA		常闭辅助触点		KM
	三极控制开关		QS	位置开关	常开触点		SQ
	三极隔离开关		QS		常闭触点		SQ
	三极负荷开关		QS		复合触点		SQ
	组合旋钮开关		QS	按钮	常开按钮		SB
	低压断路器		QF		常闭按钮		SB
	控制器或操作开关		SA		复合按钮		SB
接触器	线圈操作器件		KM		急停按钮		SB
	常开主触点		KM		钥匙操作式按钮		SB

类别	名称	图形符号	文字符号	类别	名称	图形符号	文字符号
热继电器	热元件		KH	中间继电器	线圈		KA
	常闭触点		KH		常开触点		KA
时间继电器	通电延时（缓吸）线圈		KT		常闭触点		KA
	断电延时（缓放）线圈		KT	电流继电器	过电流线圈	$I>$	KA
	瞬时闭合的常开触点		KT		欠电流线圈	$I<$	KA
	瞬时断开的常闭触点		KT		常开触点		KA
	延时闭合的常开触点	或	KT		常闭触点		KA
	延时断开的常闭触点	或	KT	电压继电器	过电压线圈	$U>$	KV
	延时闭合的常闭触点	或	KT		欠电压线圈	$U<$	KV
	延时断开的常开触点	或	KT		常开触点		KV
电磁操作器	电磁铁的一般符号	或	YA		常闭触点		KV

续表

类别	名称	图形符号	文字符号	类别	名称	图形符号	文字符号
电磁操作器	电磁吸盘		YH	电动机	三相笼形异步电动机		M
	电磁离合器		YC		三相绕线转子异步电动机		M
	电磁制动器		YB		他励直流电动机		M
	电磁阀		YV		并励直流电动机		M
非电量控制的继电器	速度继电器常开触点		KS		串励直流电动机		M
	压力继电器常开触点		KP	熔断器	熔断器		FU
发电机	发电机		G	变压器	单相变压器		TC
	直流测速发电机		TG		三相变压器		TM
灯	信号灯（指示灯）		HL	互感器	电压互感器		TV
	照明灯		EL		电流互感器		TA
接插器	插头和插座	或	X 插头 XP 插座 XS		电抗器		L

1. 图形符号

图形符号通常用于图样或其他文件，用以表示一个设备或概念的图形、标记或字符。图形符号含有符号要素、一般符号和限定符号。

（1）符号要素　它是一种具有确定意义的简单图形，必须同其他图形结合才能构成一个设备或概念的完整符号。如接触器常开主触点的符号就由接触器触点功能符号和常开触点符号组合而成。

（2）一般符号 用以表示一类产品和此类产品特征的一种简单的符号。如电动机可用一个圆圈表示。

（3）限定符号 是一种加在其他符号上提供附加信息的符号。

运用图形符号绘制电气图时应注意以下几点。

① 符号尺寸大小、线条粗细依国家标准可放大与缩小，但在同一张图样中，统一符号的尺寸应保持一致，各符号之间及符号本身比例应保持不变。

② 标准中示出的符号方位，在不改变符号含义的前提下，可根据图面布置的需要旋转，或成镜像位置，但是文字和指示方向不得倒置。

③ 大多数符号都可以附加上补充说明标记。

④ 对标准中没有规定的符号，可选取GB/T 4728—2008《电气简图常用图形符号》中给定的符号要素、一般符号和限定符号，按其中规定的原则进行组合。

2. 文字符号

文字符号用于电气技术领域中技术文件的编制，也可以标注在电气设备、装置和元器件上或近旁，以表示电气设备、装置和元器件的名称、功能、状态和特性。

文字符号分为基本文字符号和辅助文字符号，常用文字符号见表2-1-1。

（1）基本文字符号 基本文字符号有单字母符号与双字母符号两种。单字母符号按拉丁字母顺序将各种电气设备、装置和元器件划分为23大类，每一类用一个专用单字母符号表示，如"C"表示电容器类，"R"表示电阻器类等。

双字母符号由一个表示种类的单字母符号与另一个字母组成，且以单字母符号在前，另一个字母在后的次序排列，如"F"表示保护器件类，则"FU"表示为熔断器，"FR"表示为热继电器。

（2）辅助文字符号 辅助文字符号用来表示电气设备、装置和元器件以及电路的功能、状态和特征。如"L"表示限制，"RD"表示红色等。辅助文字符号也可以放在表示种类的单字母符号之后组成双字母符号，如"YB"表示电磁制动器，"SP"表示压力传感器等。辅助字母还可以单独使用，如"ON"表示接通，"M"表示中间线，"PE"表示保护接地等。

3. 接线端子标记

（1）三相交流电路引入线采用L1、L2、L3、N、PE标记，直流系统的电源正、负线分别用L+、L–标记。

（2）分级三相交流电源主电路采用三相文字代号U、V、W的前面加上阿拉伯数字1、2、3等来标记。如1U、1V、1W、2U、2V、2W等。

（3）各电动机分支电路各节点标记采用三相文字代号后面加数字来表示，数字中的个位数表示电动机代号，十位数字表示该支路各节点的代号，从上到下按数值大小顺序标记。如U11表示M1电动机的第一相的第一个节点代号，U21表示M1电动机的第一相的第二个节点代号，以此类推。

（4）三相电动机定子绕组首端分别用U1、V1、W1标记，绕组尾端分别用U2、V2、W2标记，电动机绕组中间抽头分别用U3、V3、W3标记。

（5）控制电路采用阿拉伯数字编号。标注方法按"等电位"原则进行，在垂直绘制的电路中，标号顺序一般按自上而下、从左至右的规律编号。凡是被线圈、触点等元件所间隔的接线端点，都应标以不同的线号。

三、电工识图

1. 识图的基本要领

（1）结合电工基础理论识图 要想搞清电路的电气原理，必须具备电工基础知识，如三相异步电动机的旋转方向是由通入电动机的三相电源的相序决定的。改变电源的相序可改变电动机的转向。

（2）结合电气元件的结构和工作原理识图 看电路图时应搞清楚电气元件的结构、性能、在电路中的作用、相互控制关系，这样才能搞清电路的工作原理。

（3）结合典型电路识图 一张复杂的电路图细分起来是由若干典型电路组成的，因此熟悉各种典型电路，能很快分清主次环节。

（4）结合电路图的绘制特点识图。

（5）绘制电气原理图时，主电路绘制在辅助电路的左侧或上部，辅助电路绘制在主电路的右侧或下部。同一元件分解成几部分，绘在不同的回路中，但以同一文字符号标注。回路的排列，通常按元件的动作顺序或电源到用电设备的连接顺序，水平方向从左到右、垂直方向从上到下绘出。了解电气图的基本画法，就容易看懂电路的构成情况，搞清电器的相互控制关系，掌握电路的基本原理。

2. 识图的基本步骤

（1）看图样说明 搞清设计内容和施工要求，有助于了解图样的大体情况、抓住识图重点。

（2）看电气原理图。

（3）按先看主电路后看辅助电路的顺序识图。看主电路时，通常从下往上看，即从负载开始经控制元件顺次往电源看。主要是搞清负载是怎样取得电源的，电源是经哪些元件到达负载的。

（4）看辅助电路，则从上而下，从左到右看，即先看电源，再顺次看各条回路。主要是搞清它的回路构成，各元件的联系、控制关系和在什么条件下构成通路或断路。

（5）看安装接线图 先看主电路再看辅助电路，看主电路从电源引入端开始，顺次经控制元件和线路到用电设备。再看辅助电路时，要从电源的一端到电源的另一端，按元件的顺序对每个回路进行分析研究。

技能实训 🖱

一、实训目标

学会正确识读电路图。

二、实训设备与器材

CA6140型车床挂图。

三、实训内容与步骤

识图举例——CA6140型车床电气识图。

如图2-1-4所示是CA6140型车床电路原理图。具体的识图分析如下。

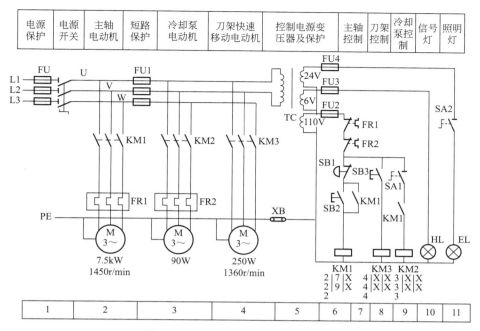

图2-1-4　CA6140型车床电路原理图

识读步骤如下。

第一步，识读电源电路。

机床采用三相380V交流电源供电，由电源开关QS引入，FU作总电源短路保护。

第二步，识读主电路。

① 主轴电路。主轴电动机M1只有三根引出线，没有特殊控制要求，由接触器KM1控制电源引入，FR1作主轴电动机的过载保护，总熔断器FU作主轴电动机的短路保护。

② 冷却泵电路。冷却泵电动机M2由接触器KM2控制电源的引入，FR2作电动机的过载保护，短路保护由FU1实现。

③ 刀架快速移动电动机由接触器KM3控制电源引入，短路保护由FU1实现。

第三步，识读控制电路。

① 控制电路电源为110V，由FU2作短路保护。

② KM1线圈回路。电源由110V上端经FU2、FR1、FR2、SB1、SB2、KM1线圈回到110V下端形成回路，电路中FU2作短路保护，FR1、FR2为热继电器的辅助触点，作过载保护，SB1为停止按钮，SB2为启动按钮。回路中断开点为SB2，只要按下SB2，电路就会形成通路，KM1线圈得电动作，KM1辅助触点闭合形成自锁。按下SB1电路断开，KM1线圈失电。

③ KM3线圈回路。电源由110V上端经FU2、FR1、FR2、SB3、KM3线圈回到下端形成回路，回路中的断开点是SB3，只要按下SB3，回路就会形成通路，KM3线圈得电，松开SB3，KM3线圈失电。

④ KM2线圈回路。电源由110V上端经FU2、FR1、FR2、SA1、KM1、KM2线圈回到下端形成回路，电路中有两个断开点SA1、KM1。KM1为主轴电动机控制接触器的辅助触点，在主轴电动机启动时闭合；SA1为一扳动开关，根据加工需要控制，冷却泵只有在主轴电动

机启动后才能工作。

第四步，识读辅助电路。

① HL信号灯。由控制变压器6V绕组供电，FU3作短路保护，当车床通电时，HL得电亮，说明电源引入。

② EL照明灯。机床照明灯由控制变压器24V绕组供电，FU4作短路保护。电源由24V绕组上端经FU4、SA2、EL回到下端形成回路，SA2闭合，灯亮，SA2断开，灯熄。

四、评价与考核

（1）按照步骤提示，在教师指导下进行识图与绘图操作，并正确填写表2-1-2。

表2-1-2　记录安装与调整表

项目	评分标准		配分	得分
识读电路图	①不会识读电气元件符号图 ②不会识读电路图功能	每处扣5分 每次扣5分	50分	
电路图绘制	①不能正确绘制电气元件符号图 ②绘图不规范 ③漏标文字符号	每处扣10分 每处扣2分 每处扣2分	50分	

（2）综合评价　针对本任务的学习情况，根据表2-1-3所示进行综合评价评分。

表2-1-3　综合评价表

评价项目	评价内容及标准	配分	评价方式		
			自我评价	小组评价	教师评价
职业素养	学习态度主动，积极参与教学活动	10			
	与同学协作融洽，团队合作意识强	20			
专业能力	明确工作任务，按时、完整地完成工作页，问题回答正确	20			
	施工前的准备工作完善、到位	10			
	现场施工完成质量情况	20			
创新能力	学习过程中提出具有创新性、可行性的建议	10			
	及时解决学习过程中遇到的各种问题	10			
学生姓名		综合评价得分			

任务二 电动机单向运转控制线路的安装

知识目标

1. 掌握电动机点动控制的工作原理图，理解图中各元器件的作用。
2. 了解如何根据给定电动机的容量选择合适的元件。
3. 掌握本电路的配盘方法及技能训练。

能力目标

1. 能够设计出符合实际应用的正转电路。
2. 能够独立完成电动机单向正转控制线路的安装、调试与维修。

素质目标

1. 培养学生安全文明生产的意识、认真负责的态度。
2. 培养学生的表述与合理辩解能力。
3. 培养学生独立解决问题的能力和电工的责任感。

基础知识

一、点动运转控制线路

所谓点动控制，就是指按下按钮，电动机得电运转；松开按钮，电动机失电停转。这种控制方法常用于电动葫芦的起重电动机控制和车床拖板箱快速移动电动机的控制。如图2-2-1所示为点动正转控制线路图。

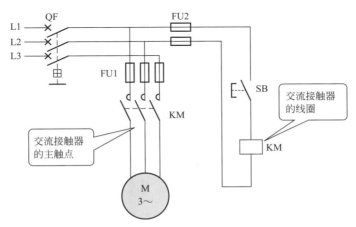

图2-2-1 点动正转控制线路

点动控制线路的控制原理分析如下。

先合上电源开关QF。

启动：按下SB ⟶ KM线圈得电 ⟶ KM主触点闭合 ⟶ 电动机M启动运转。

停止：松开SB ⟶ 控制电路失电 ⟶ 电动机M失电停转。

二、单向连续运转

在很多场合，要求电动机在松开启动按钮SB后，也能保持连续运转。另外从安全的角度来说，希望电路能实现短路保护、欠压和失压（零压）保护以及过载保护作用。如图2-2-2所示的具有过载保护的接触器自锁正转控制线路，就能实现上面所提出的控制要求。

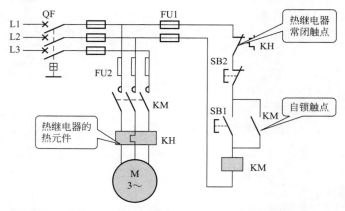

图2-2-2　具有过载保护的接触器自锁正转控制线路

具有过载保护的接触器自锁正转控制线路原理分析如下。

先合上电源开关QF。

启动：按下按钮SB1 ⟶ SB1常开触点接通 ⟶ 接触器KM线圈通电

⟶ 接触器KM常开辅助触点接通(实现自保持)。

⟶ 接触器KM(常开)主触点接通 ⟶ 电动机M通电启动并进入工作状态。

停止：按下按钮SB2 ⟶ SB1常闭触点断开 ⟶ 接触器KM线圈断电 ⟶

(解除自锁)KM(常开)主触点断开 ⟶ 电动机M断电并停止工作。

1. 连续运转通过自锁触点来实现

具有过载保护的接触器自锁正转控制线路中，在控制线路启动按钮的两端并接了接触器KM的一对常开辅助触点。当松开启动按钮SB1后，接触器KM通过自身常开触点而使线圈保持得电，以保持控制电路接通，电动机实现连续正转，这种作用称为"自锁"。与启动按钮SB1并联，并起自锁作用的常开辅助触点叫自锁触点。

2. 交流接触器能实现欠压保护

"欠压"是指线路电压低于电动机额定电压。"欠压保护"是指当线路电压下降到某一数值时，电动机能自动脱离电源停转，避免电动机在欠压下运行的一种保护。

接触器自锁线路本身就具有欠压保护作用。因为当线路电压下降到一定值（一般指低于额定电压85%以下）时，接触器线圈两端的电压也同样下降到此值，从而使接触器线圈磁通减弱，产生的电磁吸力减小。当电磁吸力减小到小于反作用弹簧的拉力时，动铁芯被迫释放，主触点和自锁触点同时分断，自动切断了主电路和控制电路，使电动机失电停转，起到了欠压保护的作用。

3. 交流接触器能实现失压（或零压）保护

失压保护是指电动机在正常运行中，由于外界某种原因引起突然断电时，能自动切断电动机电源；当重新供电时，保证电动机不能自行启动的一种保护。接触器自锁控制电路就可实现失压保护。因为接触器自锁触点和主触点在电源断电时已经分断，使控制电路和主电路都不能接通，所以在电源恢复供电时，电动机就不会自行启动运转，保证了人身和设备的安全。

4. 热继电器能实现过载保护

过载保护是指当电动机出现过载时，能自动切断电动机的电源，使电动机停转的一种保护。

三、连续与点动混合正转控制

机床设备在正常工作时，一般需要电动机工作在连续运转状态下。但在试车或调整刀具与工件的相对位置时，又需要电动机能实现点动控制。连续与点动混合控制线路就能满足这种工艺要求，如图2-2-3所示为连续与点动混合正转控制线路。

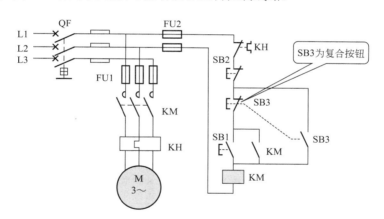

图2-2-3　连续与点动混合正转控制线路

连续与点动混合正转控制线路工作原理分析如下。

先合上电源开关QF。

点动：按下SB3 ──→ SB3常开触点闭合 ──→ KM线圈获电 ──→ KM主触点闭合 ──→
电动机运转。松开SB3电动机停转。

连续运转：按下按钮SB1 ──→ SB1常开触点按通 ──→ 接触器KM线圈通电
┌──→ KM常开辅助触点按通（实现自持）。
└──→ 接触器KM（常开）主触点接通 ──→ 电动机M通电启动并进入工作状态。

停止：按下按钮SB2 ──→ SB1常闭触点断开 ──→ 接触器KM线圈断电 ──→（解除自锁）
KM（常开）主触点断开 ──→ 电动机M断电并停止工作。

【知识拓展】

　　热继电器在三相异步电动机控制线路中也只能用作过载保护，不能用作短路保护。原因是热继电器的热惯性大，即热继电器的双金属片受热膨胀弯曲需要一定时间。当电动机发生短路时，由于短路电流很大，热继电器还没来得及动作，供电线路和电源设备可能就已经损坏。而在电动机启动时，由于启动时间很短，热继电器还未动作，电动机已启动完毕。所以，热继电器和熔断器两者所起的作用不同，不能相互代替使用。

技能实训

一、实训目标

掌握电动机单向正转控制线路的安装。

二、实训设备与器材

（1）电工常用工具。

（2）仪表及器材见表2-2-1。

表2-2-1　仪表及器材明细表

代号	名称	型号	数量
M	三相笼形异步电动机	Y112M-4 4kW、380V、8.8A、△接法	1台
QF	低压断路器	DZ47-63/3P；D32	1个
FU1	熔断器	RL1-63，熔体20A	3个
FU2	熔断器	PL1-15，熔体5A	2个
KM1	交流接触器	CJX2-2510，线圈电压380V	1个
KH	热继电器	JR36-20/3D（带断相），热元件整定电流范围14～22A	1个
SB1、SB2	按钮	LA4-2H	1个
XT	端子排	TB-2506	各1根
		TB-1010	
	主电路导线	BVR2.5mm²（黄、绿、红三色）	各10m
	控制电路导线	BVR1.5mm²	15m
	接地线	BVR2.5mm²黄绿双色线	2m
	控制板	400mm×500mm	1块
	木螺钉及编码套管	根据实际情况自定	若干
	万用表	MF47型	1块

三、实训内容与步骤

第一步，画出电动机单向正转控制线路图，如图2-2-2所示。

第二步，电气元件好坏的检测。根据项目一所学的知识，通过检查外观和用万用表进行元器件好坏的检测。

第三步，元器件布局与安装，如图2-2-4所示。

第四步，接线。根据电路图进行接线，接线应符合工艺要求，如图2-2-5所示。

第五步，自查。用万用表检查线路有无错线，并防止短路事故。

第六步，通电试车。线路检查完毕后，应先合上QF，再按下启动SB1，看控制电路中KM1是否吸合正常，电动机是否运转。按下停止按钮SB2后，观察电动机是否停止运行。

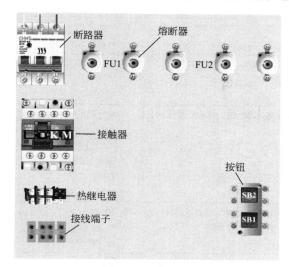

图2-2-4　布局图

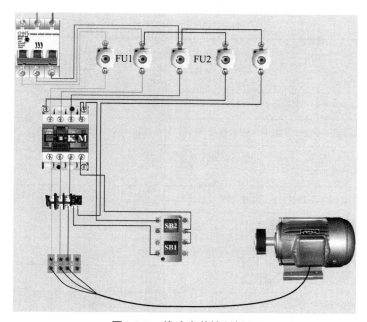

图2-2-5　线路安装控制板图

注意事项如下。

（1）电动机及按钮的金属外壳必须可靠接地。

（2）电源进线应接在螺旋式熔断器的下接线座上，出线则应接在上接线座上。

（3）热继电器的整定电流应按电动机规格进行调整。

（4）通电试车时，要有人进行监护，应注意用电安全，以防触电。

四、评价与考核

（1）按照步骤提示，在教师指导下进行识图与安装操作，并正确填写表2-2-2。

表2-2-2　记录表

项目	评分标准		配分	得分
识读电路图	①不会识读电气元件符号图 ②不会识读电路图功能	每处扣5分 每次扣5分	20分	
电路图绘制	①不能正确绘制电气元件符号图 ②绘图不规范 ③漏标文字符号	每处扣10分 每处扣2分 每处扣2分	20分	
安装与接线	①不能正确选择电气元件和质量检测 ②布局不合理 ③安装不牢固，元器件安装错误 ④不按图接线 ⑤接线不符合工艺要求 ⑥损坏电气元件	每处扣2分 扣5分 每处扣2分 每处扣2分 每处扣2分 每处扣5分	30分	
通电试车	①第一次通电不合格 ②第二次通电不合格 ③第三次通电不合格	扣10分 扣10分 此项配分不得分	30分	

（2）综合评价　针对本任务的学习情况，根据表2-2-3所示进行综合评价评分。

表2-2-3　综合评价表

评价项目	评价内容及标准	配分	评价方式		
			自我评价	小组评价	教师评价
职业素养	学习态度主动，积极参与教学活动	10			
	与同学协作融洽，团队合作意识强	20			
专业能力	明确工作任务，按时、完整地完成工作页，问题回答正确	20			
	施工前的准备工作完善、到位	10			
	现场施工完成质量情况	20			
创新能力	学习过程中提出具有创新性、可行性的建议	10			
	及时解决学习过程中遇到的各种问题	10			
学生姓名	综合评价得分				

任务三　电动机正反转控制线路的安装

知识目标

1. 掌握电动机正反转控制的工作原理图和接线，理解图中各元器件的作用。
2. 了解如何根据给定电动机的容量选择合适的元件。
3. 掌握本电路的配盘方法及技能训练。

能力目标

1. 能够设计出符合实际应用的正反转电路。
2. 能够正确选择和检测电气元件的质量。
3. 能够对电动机正反转控制线路进行安装、调试与维修。

素质目标

1. 培养学生安全文明生产的意识、认真负责的态度。
2. 培养学生的表述与合理辩解能力。
3. 培养学生独立解决问题的能力和电工的责任感。

基础知识

一、倒顺开关正反转控制线路

该控制线路只能用于功率较小的三相异步电动机的控制，否则触点易被电弧烧坏。倒顺开关属组合开关类型，如图2-3-1所示，但它结构上不同于一般作为电源引入的组合开关。它有三个操作位置：顺转、停转和倒转，其原理如图2-3-2所示。

图2-3-1　倒顺开关实物图

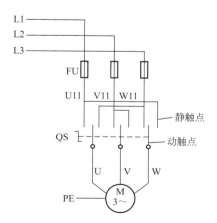

图2-3-2　倒顺开关正反转控制线路图

从图2-3-2中可看出，倒顺开关置于顺转和倒转位置时，电动机引入电源相序得到了改变，从而改变了电动机的转向。

[安全操作提示]

当电动机处于正转（开关置于顺转位置）状态时，要使它反转，必须先把手柄扳到"停转"位置，然后再把手柄扳到"倒转"位置，使它反转。若直接由"顺转"扳至"倒转"，电源突然反接，会产生较大的反接电流，对电源是一种不利的冲击，容易损坏开关的触点。

二、接触器联锁正反转控制线路

正反转控制可以通过倒顺开关正反转控制线路来实现，万能铣床主轴电动机的正反转控制就是采用倒顺开关来实现的，但由于此线路操作人员劳动强度大，操作安全性差，所以在生产实际中，更常用的是用按钮、接触器来控制电动机的正反转。如图2-3-3所示为接触器联锁正反转控制线路。

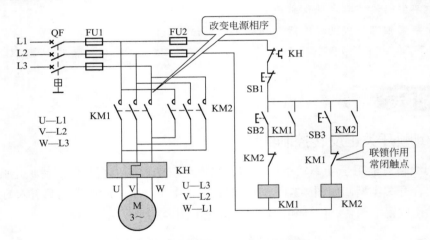

图2-3-3 接触器联锁正反转控制线路

接触器联锁正反转控制线路是利用两个交流接触器交替进行工作的，可以通过改变电源接入电动机的相序，来实现电动机正反转控制。接触器联锁正反转控制线路工作原理分析如下。

（1）正转控制

按下SB2 ⟶ KM1线圈得电 ⟶
- KM1自锁触点闭合自锁 ⟶ 电动机M启动连续正转。
- KM1主触点闭合
- KM1联锁触点分断对KM2联锁。

（2）反转控制

先按下SB1 ⟶ KM1线圈失电 ⟶
- KM1自锁触点分断解除自锁 ⟶ 电动机M失电停转。
- KM1主触点分析
- KM1联锁触点恢复闭合，解除对KM2联锁。

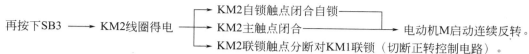

再按下SB3 ── KM2线圈得电 ┬─→ KM2自锁触点闭合自锁 ──────┐
　　　　　　　　　　　　　 ├─→ KM2主触点闭合 ──────────→ 电动机M启动连续反转。
　　　　　　　　　　　　　 └─→ KM2联锁触点分断对KM1联锁（切断正转控制电路）。

（3）停止

按下停止按钮SB1 ──→ 控制电路失电 ──→ KM1（或KM2）主触点分断
──→ 电动机M失电停转。

[安全操作提示]

接触器KM1和KM2的主触点绝对不允许同时闭合，否则将造成两相电源短路事故。为了避免两个接触器同时得电动作，在正反转控制电路中分别串接了对方接触器的一对辅助常闭触点。这样，当一个接触器得电动作时，通过其辅助常闭触点使另一个接触器不能得电动作，接触器之间这种相互制约的作用叫作接触器联锁（或互锁）。实现联锁作用的辅助常闭触点称为联锁触点（或互锁触点），联锁用符号"▽"表示。

三、双重联锁正反转控制线路

接触器联锁正反转控制线路中，电动机从正转变为反转时，必须先按下停止按钮后，才能按反转启动按钮，否则由于接触器的联锁作用，不能实现反转。因此线路虽然安全可靠，但存在的问题是操作不便。

若采用按钮和接触器双重联锁正反转控制电路，则可克服接触器联锁正反转控制线路操作不便的缺点。如图2-3-4所示为按钮和接触器双重联锁正反转控制线路。

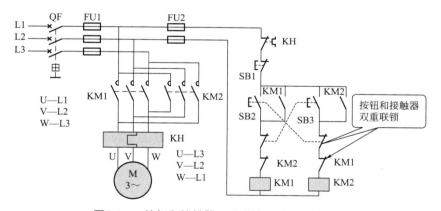

图2-3-4　按钮和接触器双重联锁正反转控制线路

按钮和接触器双重联锁正反转控制线路工作原理分析如下。

合上电源开关QF。

（1）正转控制

按下SB2 ┬─→ SB2常闭触点先分断对KM2联锁（切断反转控制电路）
　　　　 └─→ SB2常开触点后闭合 ──→ KM1线圈得电 ┬─→ KM1自领触点闭合自锁 ──→ 电动机M启动连续正转。
　　　　　　　　　　　　　　　　　　　　　　　　　 ├─→ KM1主触点闭合 ──────────┘
　　　　　　　　　　　　　　　　　　　　　　　　　 └─→ KM1联锁触点分断对KM2联锁（切断反转控制电路）。

（2）反转控制

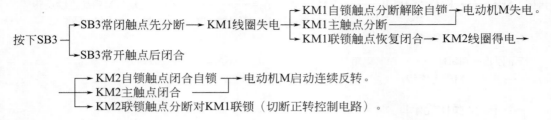

（3）停止

按下SB1 → 整个控制电路失电 → 主触点分断 → 电动机M失电停转。

技能实训 👆

一、实训目标

掌握电动机正反转控制线路的安装。

二、实训设备与器材

（1）电工常用工具。

（2）选用仪表及器材，如表2-3-1（表中的器材仅为参考型号）所示。

表2-3-1　元件器材明细表

代号	名称	型号	数量
M	三相笼形异步电动机	Y112M-4 4kW、380V、8.8A、△接法	1台
QF	低压断路器	DZ47-63/3P；D32	1个
FU1	熔断器	RL1-63，熔体20A	3个
FU2	熔断器	PL1-15，熔体5A	2个
KM1、KM2	交流接触器	CJX2-2510，线圈电压380V	2个
KH	热继电器	JR36-20/3D（带断相），热元件整定电流范围14～22A	1个
SB1～SB3	按钮	LA4-3H	1个
XT	端子排	TB-2506	各1根
		TB-1010	
	主电路导线	BVR2.5mm²（黄、绿、红三色）	各10m
	控制电路导线	BVR1.5mm²	15m
	接地线	BVR2.5mm²黄、绿双色线	2m
	控制板	400mm×500mm	1块
	木螺钉及编码套管	根据实际情况自定	若干
	万用表	MF47型	

三、实训内容与步骤

第一步，画出接触器联锁的电动机正反转控制线路图，如图2-3-3所示。

第二步，电气元件好坏的检测。根据项目一所学的知识，通过检查外观和用万用表进行元器件好坏的检测。

第三步，元器件布局与安装，如图2-3-5所示。

第四步，接线。根据电路图进行接线，接线应符合工艺要求，如图2-3-6所示。

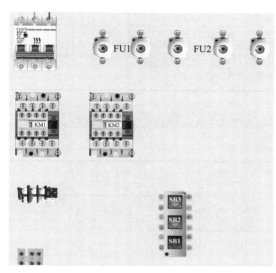

图2-3-5　布局图

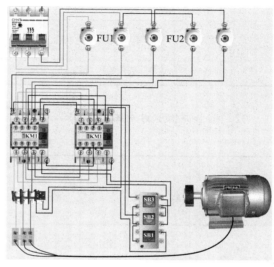

图2-3-6　线路安装控制板图

第五步，自查。用万用表检查线路有无错线，并防止短路事故。

第六步，通电试车。线路检查完毕后，应先合上电源开关QF。

注意事项如下。

（1）正转调试。按下正转启动按钮SB2，看控制电路中KM1是否吸合正常，电动机是否运转。

（2）正转停止。按下停止按钮SB1后，观察电动机是否停止运行。

（3）反转调试。按下反转启动按钮SB3，看控制电路中KM2是否吸合正常，电动机是否运转。

（4）反转停止。按下停止按钮SB1后，观察电动机是否停止运行。

四、评价与考核

（1）按照步骤提示，在教师指导下进行识图与安装操作，并正确填写表2-3-2。

表2-3-2　记录表

项目	评分标准		配分	得分
识读电路图	①不会识读电气元件符号图 ②不会识读电路图功能	每处扣5分 每次扣5分	20分	
电路图绘制	①不能正确绘制电气元件符号图 ②绘图不规范 ③漏标文字符号	每处扣10分 每处扣2分 每处扣2分	20分	

续表

项目	评分标准		配分	得分
安装与接线	①不能正确选择电气元件和质量检测	每处扣2分	30分	
	②布局不合理	扣5分		
	③安装不牢固，元器件安装错误	每处扣2分		
	④不按图接线	每处扣2分		
	⑤接线不符合工艺要求	每处扣2分		
	⑥损坏电气元件	每处扣5分		
通电试车	①第一次通电不合格	扣10分	30分	
	②第二次通电不合格	扣10分		
	③第三次通电不合格	此项配分不得分		

（2）综合评价　针对本任务的学习情况，根据表2-3-3所示进行综合评价评分。

表2-3-3　综合评价表

评价项目	评价内容及标准	配分	评价方式		
			自我评价	小组评价	教师评价
职业素养	学习态度主动，积极参与教学活动	10			
	与同学协作融洽，团队合作意识强	20			
专业能力	明确工作任务，按时、完整地完成工作页，问题回答正确	20			
	施工前的准备工作完善、到位	10			
	现场施工完成质量情况	20			
创新能力	学习过程中提出具有创新性、可行性的建议	10			
	及时解决学习过程中遇到的各种问题	10			
学生姓名		综合评价得分			

任务四　位置控制与自动往返控制线路的安装

知识目标

1. 掌握电动机自动往返控制线路的工作原理图，理解图中各元器件的作用。

2. 了解如何根据给定电动机的容量选择合适的元件。

3. 掌握本电路的配盘方法及技能训练。

能力目标

1. 能够设计出符合实际应用的自动往返控制电路。

2. 能够对自动往返控制线路进行安装、调试与维修。

素质目标

1. 培养学生安全文明生产的意识、认真负责的态度。

2. 培养学生的表述与合理辩解能力。

3. 培养学生独立解决问题的能力和电工的责任感。

基础知识

在生产过程中，一些生产机械运动部件的行程或位置要受到限制，有些生产机械的工作台要求在一定行程内自动往返运动，以便实现对工件的连续加工，提高生产效率。如在摇臂钻床、万能铣床、镗床、桥式起重机及各种自动或半自动控制机床设备中就经常遇到这种控制要求。

一、位置控制线路

如图2-4-1所示线路可以实现位置控制。

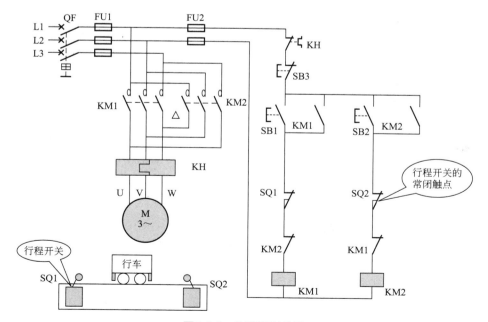

图2-4-1　位置控制线路

所谓位置控制，是在两个终点处各安装一个行程开关，起到位置控制的作用。它们的常闭触点串接在正转控制电路和反转控制电路中。当安装在行车前后的挡铁1或2撞击行程开关的滚轮时，行程开关的常闭触点分断，切断控制电路，使行车自动停止。

位置控制线路的工作原理分析。

先合上电源开关QF。

（1）行车向前运行 按下SB1→KM1线圈得电→KM1的主、辅触点动作→电动机正转→行车向前，如图2-4-1所示。挡铁碰撞SQ1→SQ1常闭触点分断→KM1失电→KM1的主、辅触点恢复常态→电动机停止正转。

（2）行车向后运行 按下SB2→KM2线圈得电→KM2的主、辅触点动作→电动机反转→行车向后，如图2-4-1所示。挡铁碰撞SQ2→SQ2常闭触点分断→KM2失电→KM2的主、辅触点恢复常态→电动机停止反转。

[安全操作提示]

行车的行程和位置可通过移动行程开关的安装位置来调节。

二、自动往返控制线路

在位置控制的基础上，稍作改动，就可以实现工作台的自动往返控制，控制线路如图2-4-2所示。

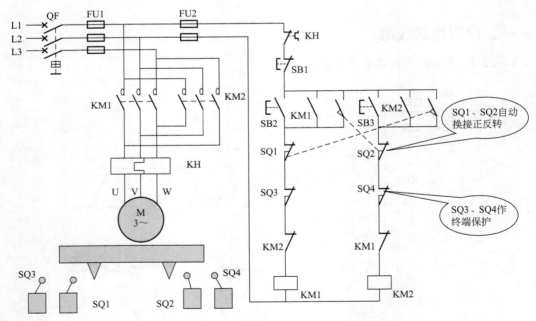

图2-4-2 工作台的自动往返控制线路

工作台自动往返控制线路的工作原理分析可借鉴位置控制线路。

为了使电动机的正反转控制与工作台的左右运动相配合，在控制线路中设置了四个行程开关SQ1～SQ4，并把它们安装在工作台需限位的地方。其中SQ1、SQ2被用来自动换接电动机正反转控制电路，实现工作台的自动往返行程控制；SQ3和SQ4被用来作为终端保护，以防止SQ1、SQ2失灵，工作台越过限定位置而造成事故。在工作台边的T形槽中装有两块挡铁，挡铁1只能和SQ1、SQ3相碰撞，挡铁2只能和SQ2、SQ4相碰撞。当工作台运动到所限位置时，挡铁碰撞行程开关，使其触点动作，自动换接电动机正反转控制电路，通过机械传动机构使工作台自动往返运动。工作台行程可通过移动挡铁位置来调节，拉大两块挡铁间的距离，行程就短，反之则长。

技能实训

一、实训目标

掌握小车自动往返控制线路的安装。

二、实训设备与器材

（1）电工常用工具。
（2）选用仪表及器材。

根据三相笼形异步电动机的技术数据及自动往返控制线路的电路图，选用工具、仪表及器材，如表2-4-1（表中的器材仅为参考型号）所示。

表2-4-1　元件器材明细表

代号	名称	型号	数量
M	三相笼形异步电动机	Y112M-4 4kW、380V、8.8A、△接法	1台
QF	低压断路器	DZ47-63/3P；D32	1个
FU1	熔断器	RL1-63，熔体20A	3个
FU2	熔断器	PL1-15，熔体5A	2个
KM1、KM2	交流接触器	CJX2-2510，线圈电压380V	2个
KH	热继电器	JR36-20/3D（带断相），热元件整定电流范围14～22A	1个
SQ1～SQ4	行程开关	LX19-001	4个
SB1～SB3	按钮	LA4-3H	1个
XT	端子排	TB-2506	各1根
		TB-1010	
	主电路导线	BVR2.5mm²（黄、绿、红三色）	各10m
	控制电路导线	BVR1.5mm²	30m
	接地线	BVR2.5mm²黄、绿双色线	2m
	控制板	400mm×500mm	1块
	木螺钉及编码套管	根据实际情况自定	若干
	万用表	MF47型	1块

三、实训内容与步骤

第一步，画出自动往返控制线路图，参考图2-4-2。

第二步，电气元件好坏的检测。根据项目一所学的知识，通过检查外观和用万用表进行元器件好坏的检测。

第三步，元器件布局与安装，如图2-4-3所示。

第四步，接线。根据电路图进行接线，接线应符合工艺要求，如图2-4-4所示。

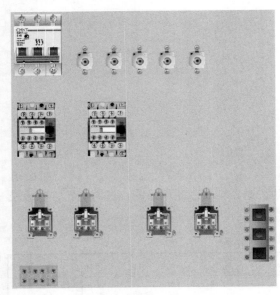

图2-4-3　元器件布局图

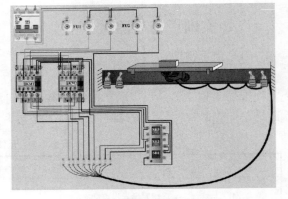

图2-4-4　线路安装控制板图

第五步，自查。用万用表检查线路有无错线，并防止短路事故。

第六步，通电试车。线路检查完毕后，合上电源开关QF，按照要求进行调试。整个调试过程中，应遵循下列安全操作。

（1）行程开关必须牢固安装在合适的位置上。其位置要准确，安装要牢固；滚轮的方向不能装反，挡铁与其碰撞的位置应符合控制线路的要求，并确保能可靠地与挡铁碰撞。

（2）通电校验时，必须先手动行程开关模拟试验，试验各行程控制和终端保护动作是否正常可靠。若出现故障也应自行排除。

（3）模拟试验正常后，再进行实际机械安装试验，试验过程中注意安全操作。

（4）在使用行程开关时，要定期检查和保养，除去油垢及粉尘，清理触点，并检查其动作是否灵活、可靠，及时排除故障，防止因行程开关触点接触不良或接线松脱产生误动作，从而导致设备和人身安全事故。

（5）常见故障及处理方法　行程开关的常见故障及处理方法见表2-4-2。

表2-4-2　行程开关的常见故障及处理方法

故障现象	可能的原因	处理方法
挡铁碰撞行程开关后，触点不动作	①安装位置不准确 ②触点接触不良或接线松脱 ③触点弹簧失效	①调整安装位置 ②清刷触点或紧固接线 ③更换弹簧

续表

故障现象	可能的原因	处理方法
杠杆已经偏转，或无外界机械力作用	①复位弹簧失效 ②内部撞块卡阻 ③调节螺钉太长，顶住开关按钮	①更换弹簧 ②清理内部杂物 ③检查调节螺钉

四、评价与考核

（1）按照步骤提示，在教师指导下进行识图与安装操作，并正确填写表2-4-3。

表2-4-3 记录表

项目	评分标准		配分	得分
识读电路图	①不会识读电气元件符号图 ②不会识读电路图功能	每处扣5分 每次扣5分	20分	
电路图绘制	①不能正确绘制电气元件符号图 ②绘图不规范 ③漏标文字符号	每处扣10分 每处扣2分 每处扣2分	20分	
安装与接线	①不能正确选择电气元件和质量检测 ②布局不合理 ③安装不牢固，元器件安装错误 ④不按图接线 ⑤接线不符合工艺要求 ⑥损坏电气元件	每处扣2分 扣5分 每处扣2分 每处扣2分 每处扣2分 每处扣5分	30分	
通电试车	①第一次通电不合格 ②第二次通电不合格 ③第三次通电不合格	扣10分 扣10分 此项配分不得分	30分	

（2）综合评价 针对本任务的学习情况，根据表2-4-4所示进行综合评价评分。

表2-4-4 综合评价表

评价项目	评价内容及标准	配分	评价方式		
			自我评价	小组评价	教师评价
职业素养	学习态度主动，积极参与教学活动	10			
	与同学协作融洽，团队合作意识强	20			
专业能力	明确工作任务，按时、完整地完成工作页，问题回答正确	20			
	施工前的准备工作完善、到位	10			
	现场施工完成质量情况	20			
创新能力	学习过程中提出具有创新性、可行性的建议	10			
	及时解决学习过程中遇到的各种问题	10			
学生姓名		综合评价得分			

任务五　顺序控制与多地控制线路的安装

知识目标

1. 掌握电动机顺序控制的工作原理图，理解图中各元器件的作用。
2. 了解如何根据给定电动机的容量选择合适的元件。
3. 掌握本电路的配盘方法及技能训练。

能力目标

1. 能够设计出符合实际应用的电动机顺序控制电路。
2. 能够根据电动机多地控制电路进行安装、调试与维修。

素质目标

1. 培养学生安全文明生产的意识、认真负责的态度。
2. 培养学生的表述与合理辩解能力。
3. 培养学生独立解决问题的能力和电工的责任感。

基础知识

　　在装有多台电动机的生产机械上，各电动机所起的作用是不同的，有时需按一定的顺序启动或停止，才能保证操作过程的合理和工作的安全可靠。如X62W型万能铣床上，要求主轴电动机启动后，进给电动机才能启动；M7120型平面磨床则要求砂轮电动机启动后，冷却泵电动机才能启动。电动机的顺序控制可以通过主电路实现，也可以通过控制电路实现。下面以两台电动机顺序启动为例进行学习。

一、主电路实现的顺序控制

　　如图2-5-1所示是主电路实现两台电动机顺序控制线路。此电路的主要特点是电动机M2的主电路接在KM1主触点的下面。因此，只有KM1闭合后KM2才能闭合，从而实现顺序控制。

　　主电路实现的电动机顺序控制线路工作原理分析如下。

　　先合上电源开关QF。

电动机M1启动：按下SB1 ⟶ KM1线圈得电 ┏⟶ KM1主触点闭合 ⟶ M1启动运转。
　　　　　　　　　　　　　　　　　　　┗⟶ KM1辅助触点闭合。

电动机M2启动：M1启动后按下SB2 ⟶ KM2线圈得电 ┏⟶ KM2主触点闭合 ⟶ M2启动运转。
　　　　　　　　　　　　　　　　　　　　　　　┗⟶ KM2辅助触点闭合。

电动机M1、M2停止：按下SB3按钮→控制回路断电→M1和M2全部停止运转。

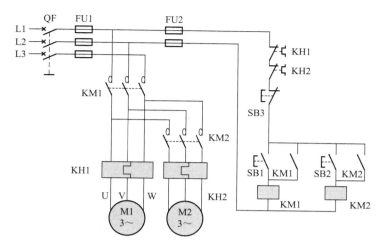

图2-5-1 主电路实现的电动机顺序控制线路

二、控制电路实现的顺序控制

如图2-5-2所示为控制电路实现的电动机顺序控制线路。此电路的主要特点是电动机M2的控制电路先与KM1的线圈并接后再与KM1的自锁触点串接，这样就保证了M1启动后，M2才能启动的顺序控制。

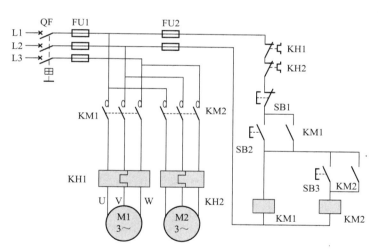

图2-5-2 控制电路实现的电动机顺序控制线路

控制电路实现的电动机顺序控制工作原理分析如下。

合上电源开关QF。

M1启动：按下SB2 ⟶ KM1线圈得电 ⟶ KM1主触点闭合 ⟶ 电动机M1启动连续运转。
⟶ KM1自锁触点闭合自锁

再按下SB3 ⟶ KM2线圈得电 ⟶ KM2主触点闭合 ⟶ 电动机M2启动连续运转。
⟶ KM2自锁触点闭合自锁

停止：按下SB1 ⟶ 控制电路失电 ⟶ KM1、KM2主触点分断 ⟶ M1、M2同时停转。

三、两地控制线路

在有些控制中，要求可以分别在甲、乙两地启动和停止同一台电动机，以达到操作方便的目的。

如图2-5-3所示为两地控制自锁正转控制线路，SB11和SB12是某地的启动和停止按钮，SB21和SB22是另一地的启动和停止按钮。

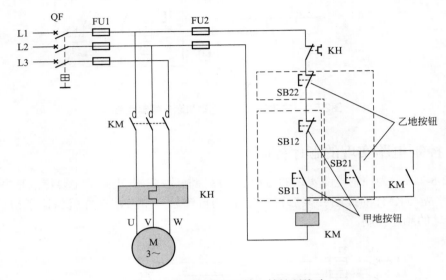

图2-5-3　两地控制自锁正转控制线路

先合上电源开关QF，分别在甲、乙两地启动和停止同一台电动机，达到方便操作的目的。其中SB11、SB12为安装在甲地的启动按钮和停止按钮；SB21、SB22为安装在乙地的启动按钮和停止按钮。

能在两地或多地控制同一台电动机的控制方式叫作电动机的多地控制，其控制要点是把各地的启动按钮并接、停止按钮串接。

技能实训 🖑

一、实训目的

（1）能够设计或选择电动机的顺序控制电路。

（2）正确安装所设计（选择）的电路。

（3）能熟练完成电路的安装。

二、实训设备与器材

（1）电工常用工具。

（2）选用电气元件明细见表2-5-1。

表 2-5-1　电气元件明细表

代号	名称	型号	规格	数量
M	三相异步电动机	Y-112M-4	4kW、380V、△接法、8.8A、1440r/min	2
QF	断路器	DZ47-63/3P	三极、25A	1
FU1	熔断器	RL1-60/25	500V、60A、配熔体25A	3
FU2	熔断器	RL1-15/2	500V、15A、配熔体2A	2
KM	交流接触器	CJ10-20	20A、线圈电压380V	2
FR	热继电器	JR16-20/3	三极、20A、整定电流8.8A	2
SB	按钮	LA4-3H	保护式、500V、5A、按钮数3	3
XT	端子板	JX2-1015	500V、10A、20节	1
	主电路导线	BVR-1.5	1.5mm² (7×0.25mm)	若干
	控制电路导线	BVR-1.0	1mm² (7×0.43mm)	若干

三、实训内容与步骤

（1）画出三相异步电动机顺序启动控制电路的原理图。

（2）配齐电气元件，并检测元件的好坏。

（3）根据原理图绘制布置图。

（4）在配电盘上安装线槽和所有电气元件。

（5）根据电路图进行配线。

（6）配线完毕，进行线路自检。

（7）检查合格后，通电试验，观察电动机运行情况。

四、评价与考核

（1）按照步骤提示，在教师指导下进行识图与安装操作，并正确填写表 2-5-2。

表 2-5-2　记录表

项目	评分标准		配分	得分
识读电路图	①不会识读电气元件符号图 ②不会识读电路图功能	每处扣5分 每次扣5分	20分	
电路图绘制	①不能正确绘制电气元件符号图 ②绘图不规范 ③漏标文字符号	每处扣10分 每处扣2分 每处扣2分	20分	
安装与接线	①不能正确选择电气元件和质量检测 ②布局不合理 ③安装不牢固，元器件安装错误 ④不按图接线 ⑤接线不符合工艺要求 ⑥损坏电气元件	每处扣2分 扣5分 每处扣2分 每处扣2分 每处扣2分 每处扣5分	30分	

续表

项目	评分标准		配分	得分
通电试车	①第一次通电不合格	扣10分	30分	
	②第二次通电不合格	扣10分		
	③第三次通电不合格	此项配分不得分		

（2）综合评价　针对本任务的学习情况，根据表2-5-3所示进行综合评价评分。

表2-5-3　综合评价表

评价项目	评价内容及标准	配分	评价方式		
			自我评价	小组评价	教师评价
职业素养	学习态度主动，积极参与教学活动	10			
	与同学协作融洽，团队合作意识强	20			
专业能力	明确工作任务，按时、完整地完成工作页，问题回答正确	20			
	施工前的准备工作完善、到位	10			
	现场施工完成质量情况	20			
创新能力	学习过程中提出具有创新性、可行性的建议	10			
	及时解决学习过程中遇到的各种问题	10			
学生姓名		综合评价得分			

任务六　降压启动控制线路的安装

知识目标

1. 掌握电动机降压启动控制的工作原理图，理解图中各元器件的作用。
2. 了解如何根据给定电动机的容量选择合适的元件。
3. 掌握本电路的配盘方法及技能训练。

能力目标

1. 能够设计出符合实际应用的电动机降压启动控制电路。
2. 能够独立完成星-三角降压启动控制电路。

素质目标

1. 培养学生安全文明生产的意识、认真负责的态度。
2. 培养学生的表述与合理辩解能力。
3. 培养学生独立解决问题的能力和电工的责任感。

基础知识

一、全压启动

全压启动（直接启动），是电动机启动时加在电动机定子绕组上的电压为电动机的额定电压的一种启动方式。

直接启动的优点是所用电气设备少、线路简单、维修量小。但直接启动时的启动电流较大，一般为额定电流的4～7倍。在电源变压器容量不够大，而电动机功率较大的情况下，直接启动将导致电源变压器输出电压下降，不仅会减小电动机本身的启动转矩，而且会影响同一供电线路中其他电气设备的正常工作。因此，全压启动应满足下列条件。

通常规定：电源变压器容量在180kV·A以上，电动机容量在7kW以下的三相异步电动机可采用直接启动。判断一台电动机能否直接启动，还可以用下面的经验公式来确定：

$$\frac{I_{st}}{I_N} \leqslant \frac{3}{4} + \frac{S}{4P}$$

式中　I_{st}——电动机全压启动电流，A；

　　　I_N——电动机额定电流，A；

　　　S——电源变压器容量，kV·A；

　　　P——电动机功率，kW。

对于不满足直接启动条件的，都需要采用降压启动。

二、降压启动

降压启动是指利用启动设备将电压适当降低后，加到电动机的定子绕组上进行启动，待电动机启动运转后，再使其电压恢复到额定电压的一种启动方式。

由于电流随电压的降低而减小，所以降压启动达到了减小启动电流的目的。但是，由于电动机的转矩与电压的平方成正比，所以降压启动也将导致电动机的启动转矩大大降低。因此，降压启动需要在空载或轻载下进行。

对于较大容量的电动机启动时，需要采用降压启动，常见降压启动方法有：定子串电阻降压启动、Y/△降压启动、延边三角启动、软启动及自耦变压器降压启动等。

1. 常用补偿器

（1）QJ3系列手动控制补偿器　自耦减压启动器又称为补偿器，是利用自耦变压器来进行降压的启动装置，有手动式和自动式两种。

QJ3系列手动控制补偿器主要由箱体、自耦变压器、保护装置、触点系统和手柄操作机构五部分组成。其外形及电路图如图2-6-1所示。

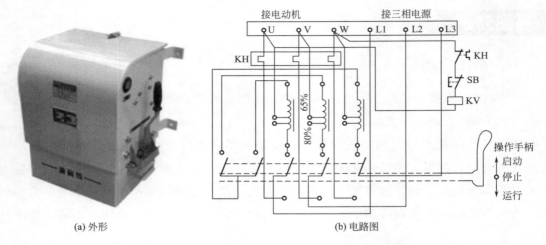

(a) 外形　　　　　　　　　　　　　　　　(b) 电路图

图2-6-1　QJ3系列手动自耦降压启动器外形及电路图

工作原理分析如下。

当手柄扳到"停止"位置时，装在主轴上的动触点与两排静触点都不接触，电动机处于断电停止状态。

当手柄向前推到"启动"位置时，装在主轴上的动触点与上面一排静触点接触，三相电源L1、L2、L3通过右边三个动、静触点接入自耦变压器，又经自耦变压器的三个65%（或80%）抽头接入电动机进行降压启动；左边两个动、静触头接触则把自耦变压器接成了Y形。当电动机的转速上升到一定值时，将手柄向后迅速扳到"运行"位置，使右边三个动触点与下面一排的三个运行静触点接触，这时，自耦变压器脱离，电动机与三相电源L1、L2、L3直接相接全压运行。

停止时，只要按下停止按钮SB，欠压脱扣器KV线圈失电，衔铁下落释放，通过机械操作机构使补偿器掉闸，手柄便自动回到"停止"位置，电动机断电停转。由于热继电器KH的常闭触点、停止按钮SB、欠压脱扣器线圈KV串接在两相电源上，所以当出现电源电压不足、突然停电、电动机过载和停车时补偿器都会掉闸，电动机断电停转。

（2）XJ01系列自动补偿器　XJ01系列自动补偿器是广泛应用的自耦变压器降压启动自动控制设备，适用于交流50Hz、电压380V、功率为14～300kW的三相笼形异步电动机的降压启动。其外形与电路图如图2-6-2所示，虚线框内的按钮是异地控制按钮。整个控制线路分为三部分：主电路、控制电路和指示电路。

XJ01系列自耦降压变压器启动箱由自耦变压器、交流接触器、中间继电器、热继电器、时间继电器和按钮等电气元件组成。对于控制的电动机功率为14～75kW的产品，采用自动控制方式；100～300kW的产品，可以采用手动和自动两种控制方式，由转换开关进行切换。时间继电器为可调式，在5～120s内可以自由调节控制启动时间。自耦变压器备有额定电压60%和80%两挡抽头。补偿器具有过载和失压保护，最大启动时间为2min（包括一次或连续数次启动时间的总和），若启动时间超过2min，则启动后的冷却时间应不少于4h才能再次启动。

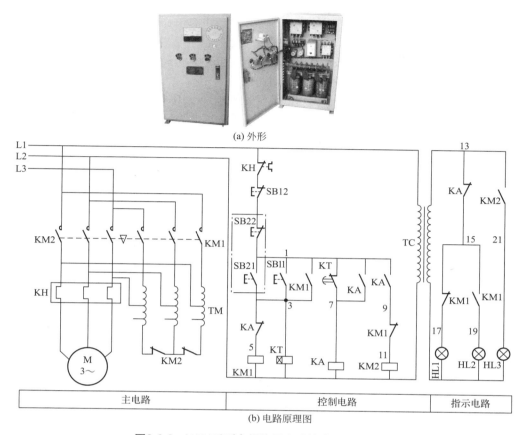

(a) 外形

(b) 电路原理图

图2-6-2　XJ01系列自耦降压启动箱外形与电路图

2. 时间继电器控制串联电阻降压启动控制线路

如图2-6-3所示为时间继电器控制串联电阻降压启动电路图。线路中用接触器KM2的主触点来短接电阻R，用时间继电器KT来控制电动机从降压启动到全压运行的时间，从而实现自动控制。

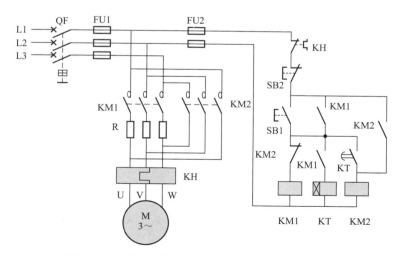

图2-6-3　时间继电器控制串联电阻降压启动控制线路

时间继电器控制串联电阻降压启动工作原理分析如下。

先合上电源开关QF。

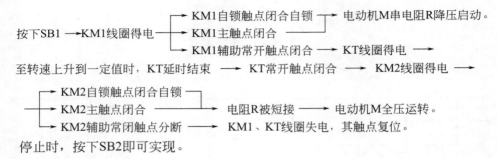

停止时，按下SB2即可实现。

3. 时间继电器自动控制Y-△降压启动控制线路

Y-△降压启动，是指电动机在启动时，把电动机的定子绕组接成Y，使电动机定子绕组电压低于电源电压启动，启动即将完毕时再恢复成△，电动机便在额定电压下正常运行。

凡是在正常运行时定子绕组作△连接的异步电动机，均可采用Y-△降压启动方法。

电动机启动时接成Y形，加在每相定子绕组上的启动电压只有△形接法的$1/\sqrt{3}$，启动电流为△形接法的1/3，启动转矩也只有△形接法的1/3。所以这种降压启动方法只适用于轻载或空载下启动。

如图2-6-4所示为时间继电器自动控制Y-△降压启动控制线路。

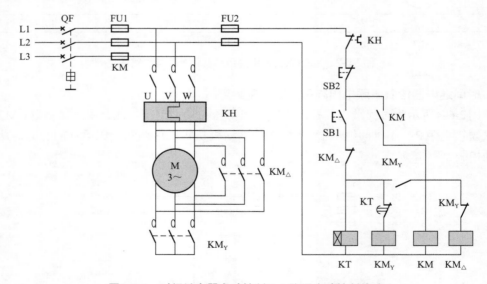

图2-6-4　时间继电器自动控制Y-△降压启动控制线路

该线路由三个接触器、一个热继电器、一个时间继电器和两个按钮组成。其中接触器KM作引入电源用；接触器KM_Y和$KM_\triangle$分别作Y形降压启动用和△形运行用；时间继电器KT用作控制Y形降压启动时间和完成Y-△自动切换；SB1是启动按钮；SB2是停止按钮；FU1作主电路的短路保护；FU2作控制电路的短路保护；KH作过载保护。

Y-△降压启动控制线路工作原理分析如下。

合上电源开关QF。

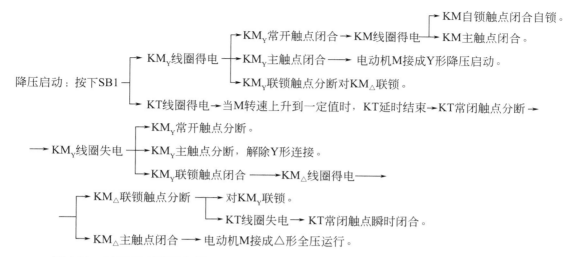

降压启动：按下SB1 ┬→ KM$_Y$线圈得电 ┬→ KM$_Y$常开触点闭合 → KM线圈得电 ┬→ KM自锁触点闭合自锁。
　　　　　　　　　　　　　　　　　　　　　　　　　　　　　　　　　　　　　　　└→ KM主触点闭合。
　　　　　　　　　　　　├→ KM$_Y$主触点闭合 → 电动机M接成Y形降压启动。
　　　　　　　　　　　　└→ KM$_Y$联锁触点分断对KM$_△$联锁。
　　　　　　　　└→ KT线圈得电 → 当M转速上升到一定值时，KT延时结束 → KT常闭触点分断 →

─→ KM$_Y$线圈失电 ┬→ KM$_Y$常开触点分断。
　　　　　　　　　├→ KM$_Y$主触点分断，解除Y形连接。
　　　　　　　　　└→ KM$_Y$联锁触点闭合 ──→ KM$_△$线圈得电 ──→

┬→ KM$_△$联锁触点分断 ┬→ 对KM$_Y$联锁。
│　　　　　　　　　　　└→ KT线圈失电 → KT常闭触点瞬时闭合。
└→ KM$_△$主触点闭合 ──→ 电动机M接成△形全压运行。

停止时，按下SB2即可实现。

4. 延边△降压启动控制线路

电动机延边三角形降压启动的工作原理是：把定子三相绕组的一部分连接成三角形，另一部分连接成星形，则每相绕组上所承受的电压，要比三角形连接时的相电压低，比星形连接时的相电压要高，待电动机启动运转后，再将绕组连接成三角形，全压运行。其工作原理如图2-6-5所示。如图2-6-6所示为延边三角形降压启动控制线路。

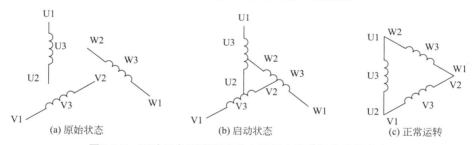

(a) 原始状态　　　　　　　　(b) 启动状态　　　　　　　　(c) 正常运转

图2-6-5　延边三角形降压启动电动机定子绕组的连接方式

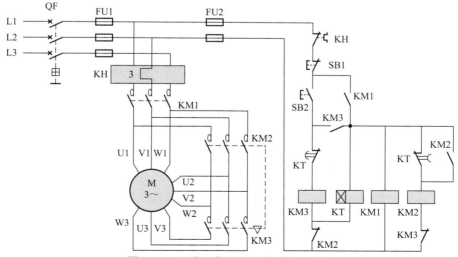

图2-6-6　延边三角形降压启动控制线路

延边三角形降压启动控制线路工作原理分析如下。

合上电源开关QF。

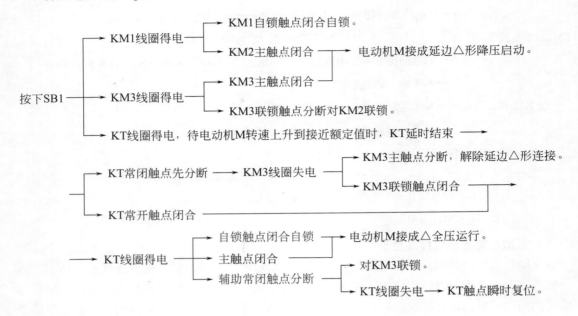

需停止时按下SB2即可。

技能实训

一、实训目标

能独立完成时间控制Y-△降压启动控制线路的安装。

二、实训设备与器材

（1）电工常用工具。

（2）选用仪表及器材。

根据三相笼形异步电动机的技术数据及时间控制Y-△降压启动控制线路图，选用工具、仪表及器材，如表2-6-1（表中的器材仅为参考型号）所示。

表2-6-1 元件器材明细表

代号	名称	型号	数量
M	三相笼形异步电动机	Y112M-4 4kW、380V、8.8A、△接法	1台
QF	低压断路器	DZ47-63/3P；D32	1个
FU1	熔断器	RL1-63；熔体20A	3个
FU2	熔断器	PL1-15，熔体5A	2个
KM、KM$_Y$、KM$_△$	交流接触器	CJX2-2510，线圈电压380V	3个

续表

代号	名称	型号	数量
KH	热继电器	JR36-20/3D（带断相），热元件整定电流范围14 ～ 22A	1个
SB1、SB2	按钮	LA4-2H	1个
KT	时间继电器	JS20	1个
XT	端子排	TB-2506	各1根
		TB-1010	
	主电路导线	BVR2.5mm²（黄、绿、红三色）	各10m
	控制电路导线	BVR1.5mm²	30m
	接地线	BVR2.5mm²黄绿双色线	2m
	控制板	400mm×500mm	1块
	木螺钉及编码套管	根据实际情况自定	若干
	万用表	MF47型	1块

三、实训内容与步骤

第一步，画出时间控制Y-△降压启动控制线路图，参考图2-6-4。

第二步，电气元件好坏的检测。根据项目一所学的知识，通过检查外观和用万用表进行元器件好坏的检测。

第三步，元器件布局与安装，如图2-6-7所示。

第四步，接线。根据电路图进行接线，接线应符合工艺要求，如图2-6-8所示。

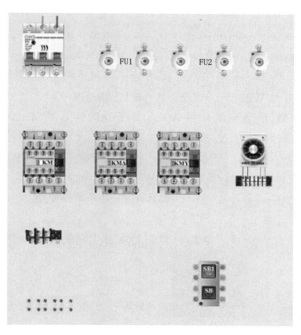

图2-6-7　元器件布局图

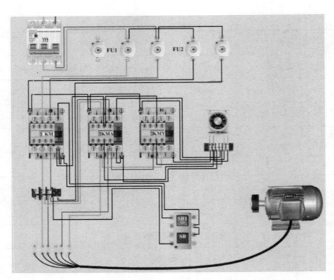

图2-6-8　线路安装控制板图

第五步，自查。用万用表检查线路有无错线，并防止短路事故。

第六步，通电试车。

注意事项如下。

（1）线路检查完毕后，在不通电时预先整定好时间继电器和热继电器的整定值，并在试车时校验。

（2）合上电源开关QF，按照要求进行调试。整个调试过程中，应遵循下列安全操作。

[安全操作提示]

（1）用Y-△降压启动控制的电动机，必须有6个出线端子，且定子绕组在△接法时的额定电压等于三相电源的线电压。

（2）接线时，要保证电动机△形接法的正确性，即接触器主触点闭合时，应保证定子绕组的U1与W2、V1与U2、W1与V2相连接。

（3）接触器KM$_Y$的进线端必须从三相定子绕组的末端引入，若误将其首端引入，则在KM$_Y$吸合时，会产生三相电源短路事故。

（4）控制板外部配线，必须按要求一律装在导线通道内，使导线有适当的机械保护，以防止液体、铁屑和灰尘进入。

（5）通电校验前，要再检查一下熔体规格及时间继电器、热继电器的各整定值是否符合要求。

（6）通电校验前，应根据电路的控制要求独立进行校验，若出现故障也应自行排除。

四、评价与考核

（1）按照步骤提示，在教师指导下进行识图与安装操作，并正确填写表2-6-2。

表2-6-2 记录表

项目	评分标准		配分	得分
识读电路图	①不会识读电气元件符号图 ②不会识读电路图功能	每处扣5分 每次扣5分	20分	
电路图绘制	①不能正确绘制电气元件符号图 ②绘图不规范 ③漏标文字符号	每处扣10分 每处扣2分 每处扣2分	20分	
安装与接线	①不能正确选择电气元件和质量检测 ②布局不合理 ③安装不牢固，元器件安装错误 ④不按图接线 ⑤接线不符合工艺要求 ⑥损坏电气元件	每处扣2分 扣5分 每处扣2分 每处扣2分 每处扣2分 每处扣5分	30分	
通电试车	①第一次通电不合格 ②第二次通电不合格 ③第三次通电不合格	扣10分 扣10分 此项配分不得分	30分	

（2）综合评价 针对本任务的学习情况，根据表2-6-3所示进行综合评价评分。

表2-6-3 综合评价表

评价项目	评价内容及标准	配分	评价方式		
			自我评价	小组评价	教师评价
职业素养	学习态度主动，积极参与教学活动	10			
	与同学协作融洽，团队合作意识强	20			
专业能力	明确工作任务，按时、完整地完成工作页，问题回答正确	20			
	施工前的准备工作完善、到位	10			
	现场施工完成质量情况	20			
创新能力	学习过程中提出具有创新性、可行性的建议	10			
	及时解决学习过程中遇到的各种问题	10			
学生姓名		综合评价得分			

任务七 三相异步电动机制动控制线路的安装

知识目标

1. 熟悉电磁抱闸制动器的结构和动作原理。

2. 掌握电磁抱闸制动器通电制动控制线路的工作原理。

3. 理解反接制动与能耗制动的制动原理，学会安装有变压器单相桥式整流。

能力目标

能够设计出符合实际应用的电动机制动控制线路，并配盘成功。

素质目标

1. 培养学生安全文明生产的意识、认真负责的态度。

2. 培养学生的表述与合理辩解能力。

3. 培养学生独立解决问题的能力和电工的责任感。

基础知识 🖱

　　电动机断开电源后，由于惯性的作用不会马上停止转动，而是需要转动一段时间才会完全停下来，这种情况对于某些生产机械是不适宜的。例如，起重机的吊钩需要准确定位；万能铣床要求立即停转等。满足生产机械的这种要求就需要对电动机进行制动。

　　所谓制动，就是给电动机一个与转动方向相反的转矩使它迅速停转（或限制其转速）。制动的方法一般有两类：机械制动和电力制动。

　　机械制动：利用机械装置使电动机断开电源后迅速停转的方法叫机械制动。

　　电力制动：使电动机在切断电源停转的过程中，产生一个和电动机实际旋转方向相反的电磁力矩（制动力矩），迫使电动机迅速停转的方法叫电力制动。电力制动常用的方法有：反接制动、能耗制动、电容制动和再生发电制动。

一、电磁抱闸制动器断电制动控制线路

　　电磁抱闸制动器制动是一种常用的机械制动方法。电磁制动电磁铁由铁芯、衔铁和线圈三部分组成。闸瓦制动器包括闸轮、闸瓦、杠杆和弹簧等部分。电磁抱闸制动器分为断电制动型和通电制动型两种。

　　电磁抱闸制动器的外形、结构、工作原理如图2-7-1～图2-7-3所示。

(a) MZD1系列交流单相制动电磁铁　　　　　　(b) TJ2系列闸瓦制动器

图2-7-1　电磁抱闸制动器外形

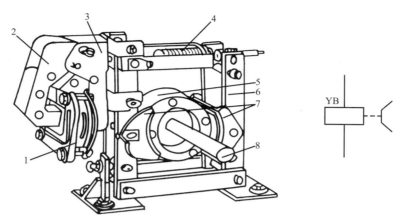

图2-7-2 电磁抱闸制动器结构图

1—线圈；2—衔铁；3—铁芯；4—弹簧；5—闸轮；6—杠杆；7—闸瓦；8—轴

电磁抱闸制动器断电制动控制线路如图2-7-4所示。

断电制动型的工作原理：当制动电磁铁的线圈得电时，制动器的闸瓦与闸轮分开，无制动作用；当线圈失电时，制动器的闸瓦紧紧抱住闸轮制动。

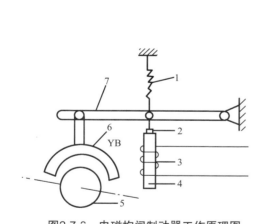

图2-7-3 电磁抱闸制动器工作原理图

1—弹簧；2—衔铁；3—线圈；4—铁芯；5—闸轮；6—闸瓦；7—杠杆

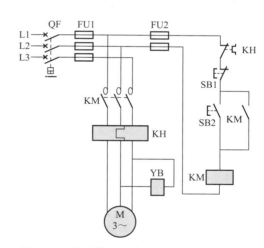

图2-7-4 电磁抱闸制动器断电制动控制线路

电磁抱闸断电制动控制线路工作原理分析如下。

合上电源开关QF。

启动：按下SB2按钮 ⟶ KM线圈获电 ⟶ KM主触点闭合 ⟶ 电磁线圈。
　　　　　　　　　　　　　　　　　　⟶ KM辅助常开触点闭合，实现自锁。

YB获电 ⟶ 制动器脱开，电动机启动运转。

【知识拓展】

通电制动型的工作原理：当制动电磁铁的线圈得电时，闸瓦紧紧抱住闸轮制动；当线圈失电时，制动器的闸瓦与闸轮分开，无制动作用。电磁抱闸制动器通电制动控制线路如图2-7-5所示。

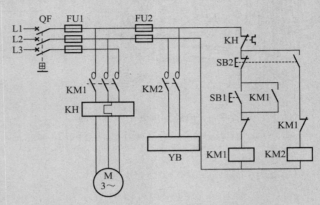

图2-7-5　电磁抱闸制动器通电制动控制线路

二、反接制动

依靠改变电动机定子绕组的电源相序来产生制动力矩，迫使电动机迅速停转的方法叫作反接制动。

反接制动工作原理如图2-7-6所示。当QS向上投合时，电动机定子绕组电源相序为L1—L2—L3，电动机将沿着旋转磁场方向［如图2-7-6（b）中顺时针方向］，以 $n<n_1$ 正常运转。当电动机需要停转时，

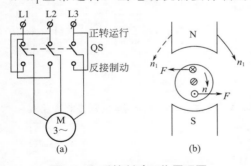

图2-7-6　反接制动工作原理图

可拉开开关QS，使电动机脱离电源（此时转子由于惯性仍按原方向旋转）。随后，将开关QS迅速向下投合，由于L1和L2两相电源线对调，电动机定子绕组电源相序变为L1—L3—L2，旋转磁场反转［如图2-7-6（b）中逆时针方向］。此时转子以 $n+n_1$ 的相对速度沿原转动方向切割旋转磁场，在转子绕组中产生感应电流，其方向可用右手定则判断出来。而转子绕组一旦产生电流，又受到磁场的作用，则会产生电磁力矩，其方向可用左手定则判断出来。可见此转矩的方向与电动机的转动方向相反，使电动机受制动迅速停车转。在停车时，把电动机反接，则其定子旋转磁场便反向旋转，在转子上产生的电磁转矩亦随之变为反向，成为制动转矩。

如图2-7-7所示为单向启动反接制动控制线路。此线路的主电路和正反转控制线路的主电路相同，只是在反接制动时增加了三个限流电阻R。线路中KM1为正转运行接触器，KM2为反接制动控制接触器，KN为速度继电器，其轴与电动机轴相连。

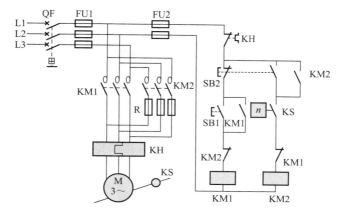

图2-7-7 单向启动反接制动控制线路

单向启动反接制动控制线路工作原理分析如下

合上电源开关QF。

（1）单向启动

（2）反接制动

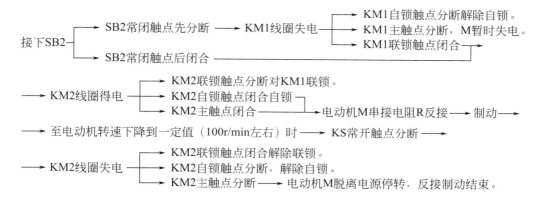

[安全操作提示]

（1）当电动机转速接近于零时，应立即切断电动机电源，否则电动机将反转。为此，在反接制动中，常利用速度继电器来自动地及时切断电源。

（2）反接制动时，由于旋转磁场与转子的相对速度（$n+n_1$）很高，故转子绕组中感应电流很大，致使定子绕组中的电流也很大，一般约为电动机额定电流的10倍左右。因此，反接制动适用于10kW以下小容量电动机的制动，并且对4.5kW以上的电动机进行反接制动时，需要在定子回路中串入限流电阻，以限制反接制动电流。

三、能耗制动

电动机切断交流电源后，立即在定子绕组的任意两相中通入直流电，利用转子感应电流受静止磁场的作用以达到制动目的，称为能耗制动。

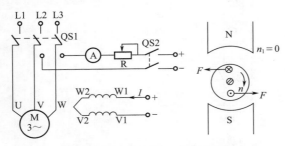

图2-7-8　能耗制动工作原理图

其制动工作原理如图2-7-8所示。

如图2-7-8所示，先断开电源开关QS1，切断电动机的交流电源，这时转子仍沿原方向惯性运转；然后立即合上开关QS2，并将QS1向下合闸，这时电动机V、W两相定子绕组通入直流电，使定子中产生一个恒定的静止磁场，这样做惯性运转的转子因切割磁力线而在转子绕组中产生感应电流，其方向可用右手定则判断出来。转子绕组中一旦产生感应电流，又立即受到静止磁场的作用，则会产生电磁转矩，用左手定则判断，可知此转矩的方向正好与电动机的转向相反，使电动机受制动迅速停转。由于这种制动方法是通过定子绕组中通入直流电以消耗转子惯性运转的动能来进行制动的，所以称为能耗制动。

如图2-7-9所示为无变压器单相半波整流单向启动能耗制动自动控制线路。

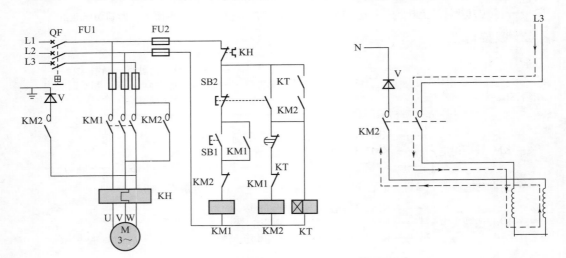

图2-7-9　单向启动能耗制动自动控制线路

单向启动能耗制动自动控制线路工作原理分析如下。

合上电源开关QF。

（1）单向启动运转

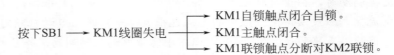

（2）能耗制动停转

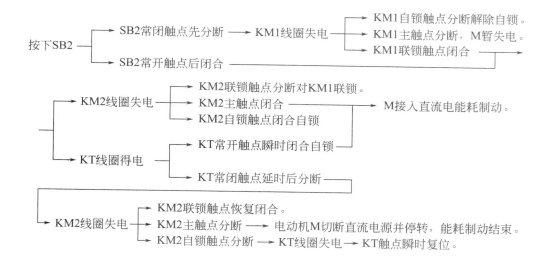

按下SB2 ── SB2常闭触点先分断 ── KM1线圈失电 ── KM1自锁触点分断解除自锁。
　　　　　　　　　　　　　　　　　　　── KM1主触点分断，M暂失电。
　　　　　　 ── SB2常开触点后闭合 ── KM1联锁触点闭合

── KM2线圈失电 ── KM2联锁触点分断对KM1联锁。
　　　　　　　　 ── KM2主触点闭合 ── M接入直流电能耗制动。
　　　　　　　　 ── KM2自锁触点闭合自锁

── KT线圈得电 ── KT常开触点瞬时闭合自锁
　　　　　　　 ── KT常闭触点延时后分断

── KM2线圈失电 ── KM2联锁触点恢复闭合。
　　　　　　　 ── KM2主触点分断 ── 电动机M切断直流电源并停转，能耗制动结束。
　　　　　　　 ── KM2自锁触点分断 ── KT线圈失电 ── KT触点瞬时复位。

【知识拓展】

　　对于10kW以上容量的电动机多采用有变压器单相桥式整流单向启动能耗制动控制线路，如图2-7-10所示。其中直流电源由单相桥式整流器VC供给，TC是整流变压器，电阻R用来调节直流电流，从而调节制动强度，整流变压器一次侧与整流器的直流侧同时进行切换，有利于提高触点的寿命。

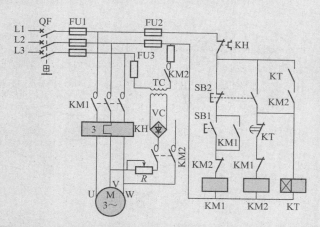

图2-7-10　有变压器单相桥式整流单向启动能耗制动控制线路

四、电容制动

　　当电动机切断交流电源后，立即在电动机定子绕组的出线端接入电容器来迫使电动机迅速停转的方法叫电容制动。

　　当旋转着的电动机断开交流电源时，转子内仍有剩磁，随着转子的惯性转动，形成一个随转子转动的旋转磁场。该磁场切割定子绕组产生感应电动势，并通过电容器回路形成感应电流。这个电流产生的磁场与转子绕组中的感应电流相互作用，产生一个与旋转方向相反的制动力矩，使电动机受制动迅速停转。如图2-7-11所示为电容制动控制线路。

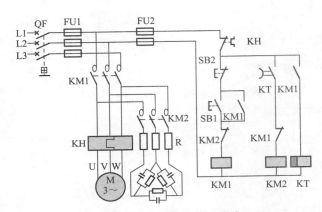

图2-7-11 电容制动控制线路

五、再生发电制动

当起重机在高处开始下放重物时，电动机转速n小于同步转速n_1，这时电动机处于电动运行状态，其转子电流和电磁转矩方向如图2-7-12（a）所示。但由于重力的作用，在重物的下放过程中，会使电动机的转速大于同步转速n_1，这时电动机处于发电运行状态，转子相对于旋转磁场切割磁感线的运动方向发生了改变，其转子电流和电磁转矩的方向都与电动运行时相反，如图2-7-12（b）所示。可见，电磁力矩变为了制动力矩，限制了重物的下降速度，保证了设备和人身的安全。

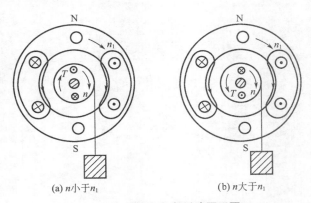

(a) n小于n_1 (b) n大于n_1

图2-7-12 再生发电制动原理图

再生发电制动是一种比较经济的制动方法，制动时不需要改变线路即可将电动机从电动运行状态自动地转入发电运行状态，把机械能转换为电能，再回馈到电网，节能效果显著。缺点是应用范围较窄，仅当电动机转速大于同步转速时才能实现发电制动。所以常用于在位能负载作用下的起重机械和多速异步电动机由高速转为低速时的情况。

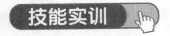

一、实训目标

能独立完成有变压器单相桥式整流单向启动能耗制动控制线路的安装。

二、实训设备与器材

（1）电工常用工具。

（2）选用仪表及器材。

根据三相笼形异步电动机的技术数据及能耗制动控制线路图，选用工具、仪表及器材，如表2-7-1（表中的器材仅为参考型号）所示。

表2-7-1　元件器材明细表

代号	名称	型号	数量
M	三相笼形异步电动机	Y112M-4 4kW、380V、8.8A、△接法	1台
QF	低压断路器	DZ47-63/3P；D32	1个
FU1	熔断器	RL1-63；熔体20A	3个
FU2	熔断器	PL1-15，熔体10A	2个
KM1、KM2	交流接触器	CJX2-2510，线圈电压380V	3个
KH	热继电器	JR36-20/3D（带断相），热元件整定电流范围14～22A	1个
SB1、SB2	按钮	LA4-2H	1个
KT	时间继电器	JS20	1个
VC	单相整流桥	自定	1个
TC	单相变压器	BK-100，380/36V	1个
R	电阻器	自定	1个
XT	端子排	TB-2506	各1根
		TB-1010	
	主电路导线	BVR2.5mm² （黄、绿、红三色）	各10m
	控制电路导线	BVR1.5mm²	30m
	接地线	BVR2.5mm² 黄绿双色线	2m
	控制板	400mm×500mm	1块
	木螺钉及编码套管	根据实际情况自定	若干
	万用表	MF47型	1块

三、实训内容与步骤

第一步，画出有变压器单相桥式整流单向启动能耗制动控制线路，参考图2-7-10。

第二步，电气元件好坏的检测。根据项目一所学的知识，通过检查外观和用万用表进行元器件好坏的检测。

第三步，元器件布局与安装，如图2-7-13所示。

第四步，接线。根据电路图进行接线，接线应符合工艺要求，如图2-7-14所示。

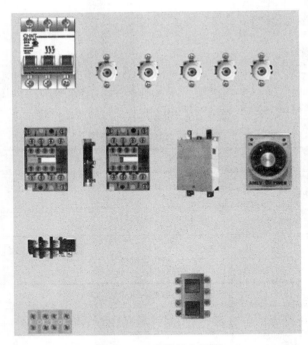

图2-7-13　元器件布局图

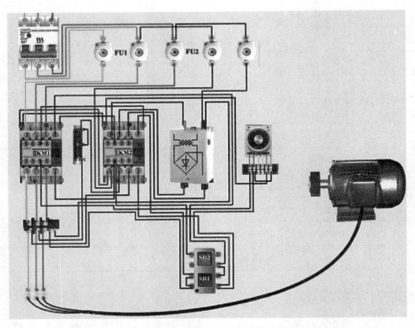

图2-7-14　线路安装控制板图

　　第五步，自查。用万用表检查线路有无错线，并防止短路事故。

　　第六步，通电试车。线路检查完毕后，合上电源开关QF，按照要求进行调试。整个调试过程中，应遵循上述前六个任务有关的安全操作。

四、评价与考核

（1）按照步骤提示，在教师指导下进行识图与安装操作，并正确填写表2-7-2。

表2-7-2 记录表

项目	评分标准		配分	得分
识读电路图	①不会识读电气元件符号图 ②不会识读电路图功能	每处扣5分 每次扣5分	20分	
电路图绘制	①不能正确绘制电气元件符号图 ②绘图不规范 ③漏标文字符号	每处扣10分 每处扣2分 每处扣2分	20分	
安装与接线	①不能正确选择电气元件和质量检测 ②布局不合理 ③安装不牢固，元器件安装错误 ④不按图接线 ⑤接线不符合工艺要求 ⑥损坏电气元件	每处扣2分 扣5分 每处扣2分 每处扣2分 每处扣2分 每处扣5分	30分	
通电试车	①第一次通电不合格 ②第二次通电不合格 ③第三次通电不合格	扣10分 扣10分 此项配分不得分	30分	

（2）综合评价 针对本任务的学习情况，根据表2-7-3所示进行综合评价评分。

表2-7-3 综合评价表

评价项目	评价内容及标准	配分	评价方式		
			自我评价	小组评价	教师评价
职业素养	学习态度主动，积极参与教学活动	10			
	与同学协作融洽，团队合作意识强	20			
专业能力	明确工作任务，按时、完整地完成工作页，问题回答正确	20			
	施工前的准备工作完善、到位	10			
	现场施工完成质量情况	20			
创新能力	学习过程中提出具有创新性、可行性的建议	10			
	及时解决学习过程中遇到的各种问题	10			
学生姓名		综合评价得分			

任务八　三相交流异步电动机的多速控制线路的安装

知识目标

1. 理解双速异步电动机控制线路的构成与工作原理。
2. 理解三速异步电动机控制线路的构成与工作原理。
3. 掌握电磁滑差离合器调速系统的正确接线与安装。

能力目标

能够设计出符合实际应用的电动机多速控制电路，并配盘成功。

素质目标

1. 培养学生安全文明生产的意识、认真负责的态度。
2. 培养学生的表述与合理辩解能力。
3. 培养学生独立解决问题的能力和电工的责任感。

基础知识 👆

　　调速就是指电动机在同一负载下能得到不同的转速，以满足实际生产设备的工艺要求。由三相异步电动机的转速公式 $n = (1-s)\dfrac{60 f_1}{p}$ 可知，改变异步电动机转速可通过三种方法来实现：一是改变电源频率 f_1；二是改变转差率 s；三是改变磁极对数 p。

　　其中改变转差率的调速可以通过改变转子电阻（绕线异步电动机）或改变定子绕组上的电压来实现，这里主要介绍变极调速、电磁滑差离合器调速和变频调速。

一、变极调速

　　变极调速是通过改变定子绕组的连接方式来改变异步电动机的磁极对数而进行的一种调速，它是有级调速，且只适用于笼形异步电动机。

　　凡是磁极对数可改变的电动机均可称为多速电动机，常见的有双速、三速、四速等几种类型，下面以双速和三速为例，来讨论如何对多速异步电动机进行启动及自动调速控制。

1. 双速电动机控制

　　双速电动机三相定子绕组△/YY接线图如图2-8-1所示。图中，三相定子绕组接成△形，由三个连接点接出三个出线端U1、V1、W1，从每相绕组的中点各接出一个出线端U2、V2、W2，这样定子绕组共有6个出线端。通过改变这6个出线端与电源的连接方式，就可以得到两种不同的转速。

　　如图2-8-1（a）所示为低速时的连接：三相电源分别接至定子绕组作△形连接顶点的出线端U1、V1、W1，另外三个出线端U2、V2、W2空着不接，此时电动机定子绕组接成△形，磁极为4极，同步转速为1500r/min。

　如图2-8-1（b）所示为高速时的连接：把三个出线端U1、V1、W1并接在一起，另外三个出线端U2、V2、W2分别接到三相电源上，这时电动机定子绕组接成YY形，磁极为2极，同步转速为3000r/min。

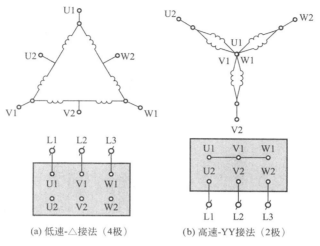

(a) 低速-△接法（4极）　　　(b) 高速-YY接法（2极）

图2-8-1　双速电动机三相定子绕组△/YY接线图

[安全操作提示]

　双速电动机高速运转时的转速是低速运转时转速的两倍。双速电动机定子绕组从一种接法改变为另一种接法时，必须把电源相序反接，以保证电动机的旋转方向不变。

　按钮和时间继电器控制双速电动机控制线路如图2-8-2所示。

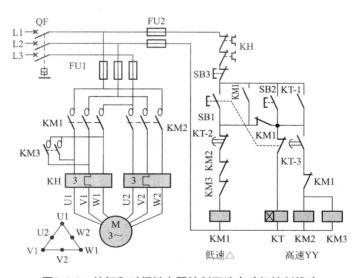

图2-8-2　按钮和时间继电器控制双速电动机控制线路

按钮和时间继电器控制双速电动机的工作原理如下。

先合上电源开关QF。

（1）△形低速启动

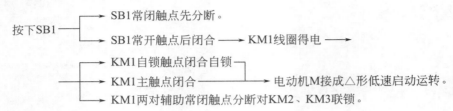

（2）YY形高速运转

停止时，按下SB3即可。若电动机只需高速运转，可直接按下SB2，则电动机△形低速启动后，开始YY高速运转。

2. 三速电动机控制

三速异步电动机是在双速异步电动机的基础上发展起来的。它有两套定子绕组，分两层安放在定子槽内，第一套绕组（双速）有7个出线端U1、V1、W1、U3、U2、V2、W2，可作△或YY形连接；第二套绕组（单速）有三个出线端U4、V4、W4，只作Y形连接。如图2-8-3（a）所示。当分别改变两套定子绕组的连接方式（即改变磁极对数）时，电动机就可以得到三种不同的运转速度。如图2-8-3（b）～（d）所示。

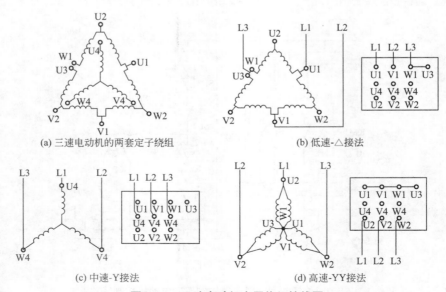

(a) 三速电动机的两套定子绕组　　　　　　　(b) 低速-△接法

(c) 中速-Y接法　　　　　　　　　　　(d) 高速-YY接法

图2-8-3　三速电动机定子绕组接线图

　　以时间继电器自动控制三速异步电动机控制线路为例，学习三速控制线路。

　　接触器控制三速电动机的线路，其缺点是在进行速度转换时，必须先按下停止按钮SB4后，才能再按下相应的启动按钮变速，所以操作不方便。但可以采用如图2-8-4所示的时间继电器自动控制三速异步电动机控制线路。其中SB1、KM1控制电动机△接法下的低速启动运转；SB2、KT1、KM2控制电动机从△形接法下低速启动到Y形接法下中速运转的自动变换；SB3、KT1、KT2、KM3控制电动机从△形接法下低速启动到Y形接法下中速运转再过渡到YY形接法下高速运转的自动变换。

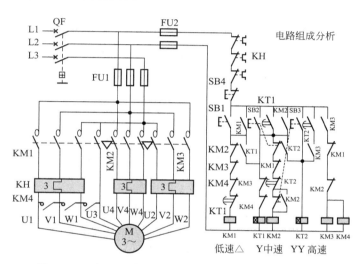

图2-8-4　时间继电器自动控制三速异步电动机控制线路

线路的工作原理如下。

先合上电源开关QF。

（1）△形低速启动运转

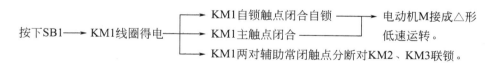

（2）△形低速启动到Y形接法下中速运转

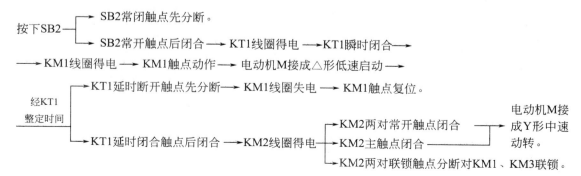

（3）△形低速启动到Y形接法下中速运转再过渡到YY形接法下高速运转

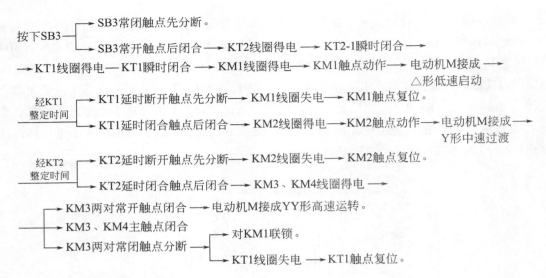

需停止时，按下SB4即可。

二、电磁滑差离合器调速

电磁滑差离合器调速系统是目前较为广泛使用的一种恒转矩交流调速方式。它由标准型异步电动机、电磁滑差离合器（以下简称离合器）和控制器三部分组成。其中，异步电动机作为拖动原动力、电磁滑差离合器作为转矩传输器，将异步电动机的输出转矩传递至负载侧，而控制器则为供给和自动调整离合器励磁电流的电子装置。

由于它具有调速范围广、速度调节平滑、启动转矩大、控制功率小、有速度负反馈、自动调节系统时机械特性硬度高等一系列优点，因此在印刷机及其订书机、无线装订、高频烘干联动机、链条炉排锅炉控制中都得到了广泛应用。

1. 电磁滑差离合器调速系统的结构组成与工作原理

电磁调速异步电动机由三相交流笼形异步电动机、电磁滑差离合器和电磁调速控制器三部分组成，如图2-8-5所示。

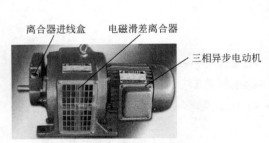

(a) 电磁调速异步电动机外形图　　(b) 电磁调速控制器外形图

图2-8-5　电磁调速异步电动机和电磁调速控制器

（1）三相交流笼形异步电动机的结构　滑差电动机采用组合式结构，拖动电动机为笼形的 Y 系列电动机，转速为1500r/min，电动机的端盖上的凸缘装在离合器机座上而与之成为整体。如图2-8-6所示是YCT系列电磁调速电动机的结构图。

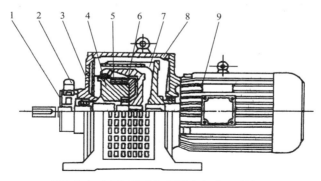

图2-8-6　YCT系列电磁调速电动机结构图

1—测速发电机；2—接线盒；3—端盖；4—导磁体；5—励磁绕组；6—磁极；7—电枢；8—基座；9—拖动电动机

（2）电磁滑差离合器的组成　电磁滑差离合器主要由电枢、磁极和静止励磁绕组组成，如图2-8-7所示。

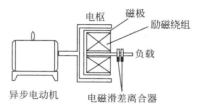

图2-8-7　电磁滑差离合器的组成

① 电枢为圆筒形实心钢体，直接套在拖动电动机的轴上作为主动转子，其转速与拖动电动机相同。

② 磁极采用爪式结构，部分交叉，作为从动转子而输出转矩，在机械上与电枢无硬性连接，借助气隙而分开。

③ 静止励磁部分是固定在端盖上的，包括直流励磁组和导磁体两个部件。导磁体除支持绕组外，还作为磁路的一部分，借助两个辅助气隙与磁极转子分开，因此该系列调速电动机无炭刷等接触部件，使用安全可靠，且输出惯量小。

（3）电磁调速控制器　如图2-8-5（b）所示为JD1系列电磁调速电动机控制装置，是机械电子工业部联合设计的节能型产品，主要用于电磁调速电动机的速度控制，实现恒转矩无级调速，当负载为风机和泵类时有明显的节电效果。

（4）基本工作原理　接通电动机和调速控制器的电源，电动机作为原动机使用，它旋转时带动离合器的电枢一起旋转。调速控制器是提供滑差离合器励磁线圈励磁电流的装置，当励磁绕组通入直流电后，工作气隙中产生空间交变的磁场，电枢切割磁力线产生感应电动势并产生涡流，由涡流产生的磁场与磁极磁场相互作用，产生转矩。输出轴的旋转速度取决于通入励磁绕组的励磁电流的大小，电流越大，转速越高，反之则低，不通入电流，输出轴便不能输出转矩。

2. 型号含义

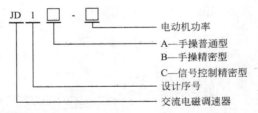

3. 规格型号与技术参数

规格型号与技术参数见表2-8-1。

表2-8-1　规格型号与技术参数

型号	JD1A-11	JD1A-40	JD1A-90
电源电压	AC220V±10%　　　频率50～60Hz		
最大输出定额	直流90V　3A	直流90V 5A	直流90V 8A*
可控电动机功率	0.55～11kW	11～40kW	40～90kW
测速发电机	三相中频电压转速比≤2V/100r/min		
转速变化率	≤2.5%		
稳速精度	≤1%		
调速范围	100～1420r/min		130～1420r/min

4. 控制器面板

JD1A型控制器面板布置如图2-8-8所示。

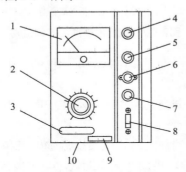

图2-8-8　JD1A型控制器面板图

1—转速表；2—转速调节电位器；3—型号名称；4—反馈量调节；5—转速表校准；
6—保险管；7—电源指示灯；8—主令开关；9—公司名称；10—七芯航空插座

5. 调速控制器的工作原理

JD1A系列调速电动机控制器由速度调节器、移相触发器、晶闸管调压电路及速度反馈等部分组成。如图2-8-9所示为JD1A调速控制器原理图。

从图中可以看出，速度指令电位器W1给定的信号电压与测速发电机反馈电位器W2上的信号相比较后，其差值信号被送入速度调节器（或前置放大器）进行放大。放大后的信号电压与锯齿波叠加，控制晶体管的导通放大，从而控制晶闸管的导通角来控制直流输出电压（0～90V），使转差离合器的励磁电流得到控制，即转差离合器的输出转速随着励磁电流的改变而改变，从而实现电磁调速电动机输出转速的宽范围调节。

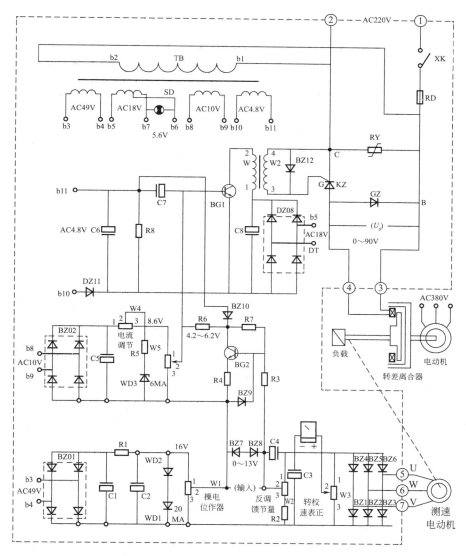

图2-8-9　JD1A调速控制器原理图

技能实训1

一、实训目标

能独立完成双速异步电动机控制线路的安装。

二、实训设备与器材

（1）电工常用工具。

（2）选择电气元件明细见表2-8-2。

表2-8-2　电气元件明细表

序号	名称	符号	数量	规格
1	电动机	M	1	YD112M-4/2：3.3/4kW、380V、7.4/8.6A、△/YY、1440/2890r/min
2	组合开关	QS	1	HZ10-25/3
3	熔断器	FU1	3	RL1-60/25
	熔断器	FU2	2	RL1-15/4
4	热继电器	FR	2	JR16-20/3
5	交流接触器	KM	3	CJ10-20
6	按钮	SB1	1	LA10-3H
7		SB2	1	LA10-3H
8		SB3	1	LA10-3H
9	端子板	XT	1	JD0-1020
	主电路导线		若干	BVR 1.5mm²
	控制电路导线		若干	BVR 1.0mm²
	按钮线		若干	BVR 0.75mm²
	接地线		若干	BVR 1.5mm²

三、实训内容与步骤

第一步，绘制双速异步电动机控制线路图。

第二步，检查所选电气元件的质量。

第三步，在控制板上按图安装线槽和所有电气元件，并贴上醒目的文字符号。

第四步，根据图2-8-2所示电路图进行接线并检查控制板内部布线的正确性。

第五步，连接电动机和按钮金属外壳的保护接地线。

第六步，连接电源、电动机等控制板的外部导线。

第七步，自检与交验。

第八步，交验合格后通电试车。

[安全操作提示]

安装走线槽时，应做到横平竖直，排列整齐匀称，安装牢固，便于走线。

（1）接线时，注意主电路中接触器KM1、KM2在两种转速下电源相序的改变，不能接错，否则，两种转速下电动机的转向相反，换向时将产生很大的冲击电流。

（2）控制双速电动机三角形接法的接触器KM1和YY形接法的KM2的主触头不能互换接线。否则不但无法实现双速控制要求，而且会在YY形运转时造成电源短路事故。

（3）热继电器KH1、KH2的整定电流及其在主电路中的接线不要搞错。

（4）通电试车前，要复验一下电动机的接线是否正确，并测试绝缘电阻是否符合要求。

（5）通电试车时，必须有指导老师现场监护。

四、评价与考核

（1）按照步骤提示，在教师指导下进行识图与安装操作，并正确填写表2-8-3。

表2-8-3 记录表

项目	评分标准		配分	得分
识读电路图	①不会识读电气元件符号图 ②不会识读电路图功能	每处扣5分 每次扣5分	20分	
电路图绘制	①不能正确绘制电气元件符号图 ②绘图不规范 ③漏标文字符号	每处扣10分 每处扣2分 每处扣2分	20分	
安装与接线	①不能正确选择电气元件和质量检测 ②布局不合理 ③安装不牢固，元器件安装错误 ④不按图接线 ⑤接线不符合工艺要求 ⑥损坏电气元件	每处扣2分 扣5分 每处扣2分 每处扣2分 每处扣2分 每处扣5分	30分	
通电试车	①第一次通电不合格 ②第二次通电不合格 ③第三次通电不合格	扣10分 扣10分 此项配分不得分	30分	

（2）综合评价 针对本任务的学习情况，根据表2-8-4所示进行综合评价评分。

表2-8-4 综合评价表

评价项目	评价内容及标准	配分	评价方式		
			自我评价	小组评价	教师评价
职业素养	学习态度主动，积极参与教学活动	10			
	与同学协作融洽，团队合作意识强	20			
专业能力	明确工作任务，按时、完整地完成工作页，问题回答正确	20			
	施工前的准备工作完善、到位	10			
	现场施工完成质量情况	20			
创新能力	学习过程中提出具有创新性、可行性的建议	10			
	及时解决学习过程中遇到的各种问题	10			
学生姓名		综合评价得分			

技能实训2

一、实训目标

能独立完成电磁滑差离合器调速系统的接线与安装。

二、实训设备与器材

（1）电工常用工具。

（2）MF47型万用表、滑差电动机、调速器等。

三、实训内容与步骤

第一步，画出电磁滑差离合器调速系统的接线框图。

第二步，接线。根据图2-8-10进行接线连接。

如图2-8-10所示是JD1A型控制器的接线，输入和输出线都通过面板下方的七芯航空插座进行连接，插座各芯与相应各线连接。

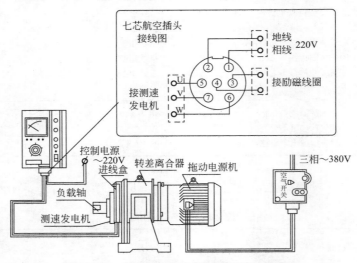

图2-8-10　电磁滑差离合器调速系统的接线图

如图2-8-10所示的接线图中调速器的7根外部接线，是通过航空插头进行连接，其接线如图2-8-11所示。

插脚号码	1　2	3　4	5　6　7
带线颜色	红色	黑色	黄色
对应的连线名称	相线中线～220V 相线接至开关或接触器下端	离合器 励磁绕组	测速 发电机

图2-8-11　P型航空插头引线编号、颜色及对应接线位置

第三步，自查。用万用表检查线路有无错线，并防止短路事故。

第四步，启动与调试。

（1）检查接线正确后，先启动电动机，再接通调速控制器电源。

（2）转速表的校正：由于测速发电机输出电压有差异，使用前必须根据电磁调速电动机的实际输出转速对转速表进行校正。调节转速电位器使电动机转到某一转速时，用轴测式转速表或其他数字转速表测量电动机的实际转速，然后调整面板上的转速表校准电位器使之一致。

（3）最高转速整定：将面板上的转速调节电位器顺时针方向调至最大，然后调节面板上的反馈量调节电位器使电磁调速电动机达到最高额定转速。

（4）运行中，若发现电动机输出转速有周期性的摆动，可将七芯插头接励磁线圈的3、4线对调，使之与机械惯性协调，以达到更进一步的稳定。

四、评价与考核

（1）按照步骤提示，在教师指导下进行识图与安装操作，并正确填写表2-8-5。

表2-8-5　记录表

项目	评分标准		配分	得分
识读电路图	①不会识读电气元件符号图 ②不会识读电路图功能	每处扣5分 每次扣5分	20分	
电路图绘制	①不能正确绘制电气元件符号图 ②绘图不规范 ③漏标文字符号	每处扣10分 每处扣2分 每处扣2分	20分	
安装与接线	①不能正确选择电气元件和质量检测 ②布局不合理 ③安装不牢固，元器件安装错误 ④不按图接线 ⑤接线不符合工艺要求 ⑥损坏电气元件	每处扣2分 扣5分 每处扣2分 每处扣2分 每处扣2分 每处扣5分	30分	
通电试车	①第一次通电不合格 ②第二次通电不合格 ③第三次通电不合格	扣10分 扣10分 此项配分不得分	30分	

（2）综合评价　针对本任务的学习情况，根据表2-8-6所示进行综合评价评分。

表2-8-6　综合评价表

评价项目	评价内容及标准	配分	评价方式		
			自我评价	小组评价	教师评价
职业素养	学习态度主动，积极参与教学活动	10			
	与同学协作融洽，团队合作意识强	20			

续表

评价项目	评价内容及标准	配分	评价方式		
			自我评价	小组评价	教师评价
专业能力	明确工作任务，按时、完整地完成工作页，问题回答正确	20			
	施工前的准备工作完善、到位	10			
	现场施工完成质量情况	20			
创新能力	学习过程中提出具有创新性、可行性的建议	10			
	及时解决学习过程中遇到的各种问题	10			
学生姓名			综合评价得分		

任务九 三相异步电动机的变频调速

知识目标

1. 理解变频器基本知识。
2. 熟知西门子MM440的端子和标准接线。

能力目标

能够掌握变频器面板运行操作与端子运行操作的参数设置。

素质目标

1. 培养学生安全文明生产的意识、认真负责的态度。
2. 培养学生的表述与合理辩解能力。
3. 培养学生独立解决问题的能力和电工的责任感。

基础知识

变频调速是利用变频器向交流电动机供电，并构成开环或闭环系统。而其中的变频器就是把固定电压、固定频率的交流电变换为电压可调、频率可调的交流电的变换器，是异步电动机变频调速的控制装置。如图2-9-1所示为部分品牌变频器的外形图。

西门子系列　三菱系列　施耐德系列　丹弗斯系列　ABB系列

图2-9-1　部分品牌变频器外形图

一、西门子变频器的标准接线与端子功能

不同系列的变频器都有其标准的接线端子，接线时要根据使用说明书进行连接，本节以西门子MM440变频器为例来学习。

1. 变频器的接线

变频器的接线主要是主电路和控制线路的接线。主电路主要是用于电源及电动机的连接；控制线路主要是用于控制电路及监测电路的连接。

如图2-9-2所示是西门子MM440的标准接线图。

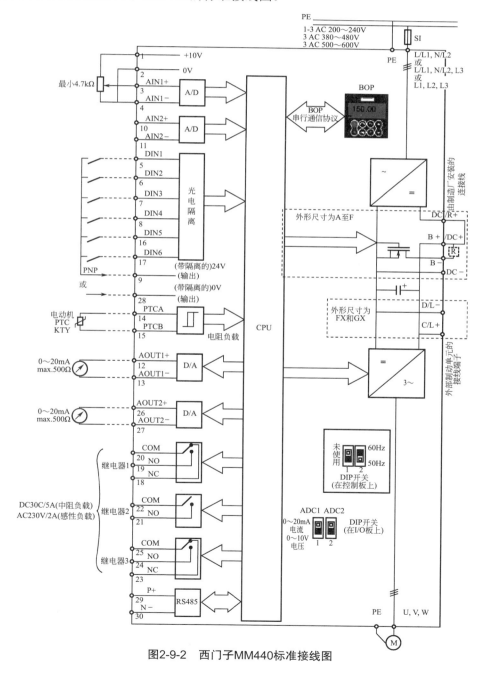

图2-9-2 西门子MM440标准接线图

2. 端子功能介绍

（1）主回路端子如图2-9-3所示，功能见表2-9-1。

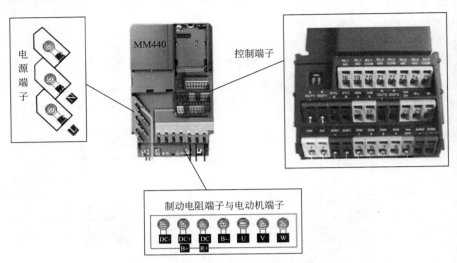

图2-9-3　MM440变频器端子示意图

表2-9-1　主回路端子功能

引脚符号	引脚名称	说明
L1、L2、L3	交流电源输入端	交流电源与变频器之间一般是通过空气断路器和交流接触器相连接的
U、V、W	变频器输出端	接三相交流异步电动机
B+、B–	连接制动电阻器	用来连接外部制动电阻器
DC+、DC–	连接外部制动单元	连接制动单元或高功率因数整流器
PE	接地端子	变频器外壳必须接大地

（2）控制回路端子如图2-9-3所示，功能见表2-9-2。

表2-9-2　控制回路端子功能

类型		引脚	引脚名称
开关量输入端子	多功能设定	5	DIN1
		6	DIN2
		7	DIN3
		8	DIN4
		16	DIN5
		17	DIN6
		9	直流24V
		28	0V 数字地

续表

类型		引脚	引脚名称
模拟量端子	频率设定	1	频率设定用10V电源
		2	0V模拟地
		3	频率设定端（电压）
		4	频率设定公共端
		10	模拟电流输入端
		11	
输出信号	模拟量输出端子	12、13	模拟量输出1
		26、27	模拟量输出2
	继电器触点	18、19、20	18与20常闭触点 19与20常开触点
		21、22	常开触点
		23、24、25	23与25常闭触点 24与25常开触点
	电动机温度保护端子	14与15	
	RS485通信	29与30	P+、N–

二、操作面板

MM4系列变频器出厂时都装有状态显示板（SDP），若默认值不适合设备情况，也可利用基本操作板（BOP）或高级操作板（AOP）修改参数使之匹配，如图2-9-4所示为MM4系列变频器的操作面板。

1. BOP操作面板按键功能

如图2-9-5所示是BOP操作面板外形，表2-9-3是操作面板按键的功能。

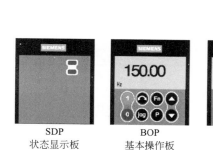

SDP
状态显示板　　BOP
基本操作板　　AOP
高级操作板

图2-9-4　MM4系列变频器操作面板

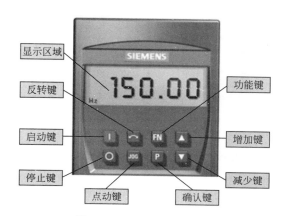

图2-9-5　BOP操作面板

表2-9-3 操作面板按键功能说明

显示/按钮	功能	按键功能说明
P(1) r 0000 **Hz**	状态显示	液晶显示变频器当前的设定值
I	启动键	按此键启动变频器。默认值运行时，此键是被封锁的。为了使此键的操作有效应，设定 P0700 = 1
0	停止键	第一种停止方式：按此键一次（较短），变频器将按选定的斜坡下降速率减速停车。默认值运行时，此键被封锁。为了允许此键操作，应设定 P0700 = 1 第二种停止方式：按此键两次或一次但时间较长，电动机将在惯性作用下自由停车
⌒	反转键	按此键可以改变电动机的转动方向。电动机的反向用负号（−）表示或用闪烁的小数点表示。缺省值运行时此键是被封锁的。为了使此键的操作有效，应设定 P0700 = 1
jog	点动键	在变频器无输出的情况下按此键，将使电动机启动，并按预先设定的点动频率运行。释放此键时，变频器停车。如果变频器/电动机正在运行，按此键将不起作用
Fn	功能键	此键用于浏览辅助信息 变频器运行过程中，在显示任何一个参数时按下此键并保持不动2s，将显示以下参数值。 ①直流回路电压，用d表示，单位：V ②输出电流/A ③输出频率/Hz ④输出电压，用o表示，单位：V ⑤显示由P0005选定的数值 此键的跳转功能 在显示任何一个参数（r××××或P××××）时短时间按下此键，将立即跳转到r0000，如果需要的话，可以接着修改其他的参数。跳转到r0000后，按此键将返回原来的显示点退出 此键的退出功能 在出现故障或报警的情况下按功能键可以将操作板上显示的故障或报警信息复位
P	确认键	按此键即可访问参数
▲	增加键	按此键即可增加面板上显示的参数数值
▼	减少键	按此键即可减少面板上显示的参数数值

2. BOP 操作面板的使用

（1）操作面板的安装　利用BOP基本操作面板可以更改变频器的各个参数，首先将SDP状态显示板从变频器上拆卸下来，然后装上BOP基本操作板。更换方法如图2-9-6所示。

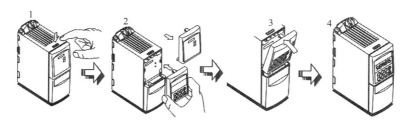

图2-9-6 更换操作面板的方法

（2）用BOP面板修改参数 利用BOP基本操作面板可以更改变频器的各个参数，BOP基本操作板具有五位数字的七段显示，用于显示参数的序号和数值、报警和故障信息以及该参数的设定值和实际值。

MM440有两种参数类型，一种以字母P开头的参数为用户可改动的参数；另一种以字母r开头的参数为只读参数。下面通过将参数P1000的第0组参数，设置为P1000[0]=1的过程为例，来学习用BOP面板修改参数的方法。具体操作步骤见表2-9-4。

表2-9-4 BOP面板修改参数的步骤

操作步骤	操作内容	BOP 显示结果
1	按 Ⓟ 键，访问参数	r0000
2	按 ▲ 键，直到显示P1000	P1000
3	按 Ⓟ 键，直到显示in000，即P1000的第0组值	in1000
4	按 Ⓟ 键，显示当前值2	2
5	按 ▼ 键，达到所要求的值1	1
6	按 Ⓟ 键，存储当前设置	P1000
7	按 Ⓕⓝ 键，显示r0000	r0000
8	按 Ⓟ 键，显示频率	50.00

三、MM440变频器的快速调试

通常一台新的MM440变频器一般需要经过以下三个步骤进行调试。

参数复位 ⟹ 快速调试 ⟹ 功能调试

1. 参数复位

参数复位是将变频器的参数恢复到出厂时的参数默认值。在变频器初次调试，或者参数设置混乱时，需要执行该操作，以便于将变频器的参数值恢复到一个确定的默认状态，其复位流程如图2-9-7所示。

在参数复位完成后，需要进行快速调试。根据电动机和负载的具体特性，以及变频器的控制方式等信息进行必要的设置之后，变频器就可以驱动电动机工作了。

2. 快速调试

快速调试就是指通过设置电动机参数和变频器的命令源及频率给定源，从而达到简单快速运转电动机的一种操作模式。

MM440变频器出厂时，已按相同额定功率的西门子四极标准电动机的基本参数进行设置。如果用户采用的是其他型号的电动机就必须输入电动机铭牌上的规格数据，即进行变频器的快速调试。在设置电动机频率时，应该使用DIP开关设置，其设置如图2-9-8所示。

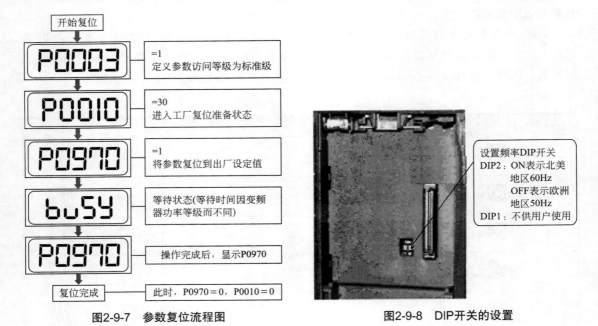

图2-9-7　参数复位流程图　　　　　　图2-9-8　DIP开关的设置

MM440变频器快速调试的步骤见表2-9-5。

表2-9-5　MM440变频器快速调试的步骤

操作序号	参数号	参数描述	推荐设置
1	P0003	设置参数访问等级 =1 标准级（只需要设置最基本的参数） =2 扩展级 =3 专家级	1 根据实际需要设定
2	P0010	=1 开始快速调试 注意： ①只有在P0010=1的情况下，电动机的主要参数才能被修改，如P0304、P0305等 ②只有在P0010=0的情况下，变频器才能运行	1
3	P0100	选择电动机的功率单位和电网频率 =0 单位kW，频率50Hz =1 单位HP，频率60Hz =2 单位kW，频率60Hz	0

续表

操作序号	参数号	参数描述	推荐设置
4	P0205	变频器应用对象 =0 恒转矩（压缩机、传送带等） =1 变转矩（风机、泵类等）	0
5	P0300[0]	选择电动机类型 =1 异步电动机 =2 同步电动机	1
6	P0304[0]	电动机额定电压 注意电动机实际接线（Y/△）	根据电动机铭牌
7	P0305[0]	电动机额定电流 注意：电动机实际接线（Y/△） 如果驱动多台电动机，P0305 的值要大于电流总和	根据电动机铭牌
8	P0307[0]	电动机额定功率 如果 P0100 = 0 或 2，单位是 kW 如果 P0100 = 1，单位是 hp 注：1hp（英制马力）=0.746kW	根据电动机铭牌
9	P0308[0]	电动机功率因数	根据电动机铭牌
10	P0309[0]	电动机的额定效率 注意：如果 P0309 设置为0，则变频器自动计算电动机效率；如果 P0100 设置为0，看不到此参数	根据电动机铭牌
11	P0310[0]	电动机额定频率：通常为50/60Hz 非标准电动机，可以根据电动机铭牌修改	根据电机铭牌
12	P0311[0]	电动机的额定速度 矢量控制方式下，必须准确设置此参数	根据电动机铭牌
13	P0320[0]	电动机的磁化电流通常取默认值	0
14	P0335[0]	电动机冷却方式 =0 利用电动机轴上风扇自冷却 =1 利用独立的风扇进行强制冷却	0
15	P0640[0]	电动机过载因子 以电动机额定电流的百分比来限制电动机的过载电流	150
16	P0700[0]	选择命令给定源（启动/停止） =1 BOP（操作面板） =2 I/O 端子控制 =4 经过 BOP 链路（RS232）的 USS 控制 =5 通过 COM 链路（端子29、30） =6 PROFIBUS（CB通信板） 注意：改变 P0700 设置，将复位所有的数字输入输出至出厂设定	1
17	P1000[0]	设置频率给定源 =1 BOP 电动电位计给定（面板） =2 模拟输入1通道（端子3、4） =3 固定频率 =4 BOP 链路的 USS 控制 =5 COM 链路的 USS（端子29、30） =6 PROFIBUS（CB通信板） =7 模拟输入2通道（端子10、11）	1
18	P1080[0]	限制电机运行的最小频率	0
19	P1082[0]	限制电机运行的最大频率	50
20	P1120[0]	电机从静止状态加速到最大频率所需时间	10

续表

操作序号	参数号	参数描述	推荐设置
21	P1121[0]	电机从最大频率降速到静止状态所需时间	10
22	P1300[0]	控制方式选择 =0 线性V/F，要求电机的压频比准确 =2 平方曲线的V/F控制 =20 无传感器矢量控制 =21 带传感器的矢量控制	0
23	P3900	结束快速调试 =1 电机数据计算，并将除快速调试以外的参数恢复到工厂设定 =2 电机数据计算，并将I/O设定恢复到工厂设定 =3 电机数据计算，其他参数不进行工厂复位	3

[要点解读]

采用BOP或AOP进行快速调试中，必须掌握两个重要参数：P0010——参数过滤功能（P0010=1表示启动快速调试）；P0003——选择用户访问级别的功能。变频器的参数有三个用户访问级，即标准访问级（基本的应用）、扩展访问级（标准应用）和专家访问级（复杂的应用）。访问的等级由参数P0003来选择。对于大多数应用对象，只要访问标准级（P0003=1）和扩展级（P0003=2）参数就足够了。

在完成上述快速调试后，变频器就可以正常地驱动电动机了。其他功能要求，可以根据需要设置控制的方式和各种工艺参数。

技能实训

一、实训目标

（1）掌握变频器的面板运行操作。
（2）掌握变频器外部端子运行操作。

二、实训设备与器材

（1）电工常用工具。
（2）变频器、万用表、电动机、断路器等。

三、实训内容与步骤

1. 变频器的面板运行操作

利用BOP操作面板可以直接对变频器进行操作，实现电动机的启动、点动及正反转控制（电动机铭牌参数见图2-9-9）。

三相异步电动机				
型号	Y90L-4	电压	380V	接法	Y
容量	1.5kW	电流	3.7A	工作方式	连续
转速	1400r/min	功率因数	0.79	温升	90℃
频率	50Hz	绝缘等级	B	出厂年月	×年×月
×××电机厂		产品编号		重量	kg

图2-9-9 电动机铭牌参数

[操作步骤]

第一步，按图2-9-10所示的电路图，将MM440变频器与电源和电动机进行正确的接线，即将380V三相交流电源连接至MM440的输入端"L1、L2、L3"；将变频器的输出端"U、V、W"连接至三相笼形异步电动机，同时还要进行相应的接地保护连接。

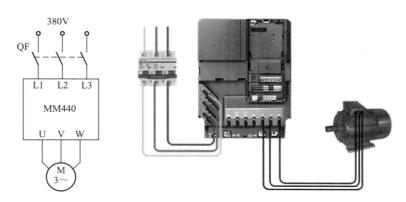

图2-9-10 变频器电路与接线图

第二步，线路检查正确后，合上断路器QF，变频器送电。

第三步，将变频器的所有参数复位为出厂时的缺省设置值（复位过程约需3min才能完成。复位完毕后，设P0010=0，变频器当前处于准备状态，可正常运行）。

第四步，根据给定的电动机铭牌，设置电动机参数，并进行快速调试。

为了使电动机与变频器相匹配，需要设置电动机参数，见表2-9-6。电动机参数设定完成后，设P0010=0，变频器当前处于准备状态，可正常运行。

表2-9-6 电动机参数设置

参数号	出厂值	设置值	说　明
P0003	1	1	设定用户访问级为标准级
P0010	0	1	快速调试
P0100	0	0	功率以kW表示，频率为50Hz

续表

参数号	出厂值	设置值	说　明
P0304	230	380	电动机额定电压/V
P0305	3.25	1.05	电动机额定电流/A
P0307	0.75	0.37	电动机额定功率/kW
P0310	50	50	电动机额定频率/Hz
P0311	0	1400	电动机额定转速/（r/min）

第五步，设置面板基本操作控制参数，见表2-9-7。

表2-9-7　面板基本操作控制参数

参数号	出厂值	设置值	说明
P0003	1	1	设用户访问级为标准级
P0010	0	0	正确地进行运行命令的初始化
P0004	0	7	命令和数字I/O
P0700	2	1	由键盘输入设定值（选择命令源）
P0003	1	1	设用户访问级为标准级
P0004	0	10	设定值通道和斜坡函数发生器
P1000	2	1	由键盘（电动电位计）输入设定值
P1080	0	0	电动机运行的最低频率/Hz
P1082	50	50	电动机运行的最高频率/Hz
P0003	1	2	设用户访问级为扩展级
P0004	0	10	设定值通道和斜坡函数发生器
P1040	5	20	设定键盘控制的频率值/Hz
P1058	5	10	正向点动频率/Hz
P1059	5	10	反向点动频率/Hz
P1060	10	5	点动斜坡上升时间/s
P1061	10	5	点动斜坡下降时间/s

第六步，变频器操作控制。

（1）变频器启动：在变频器的前操作面板上按运行键，变频器将驱动电动机升速，并运行在由P1040所设定的20Hz频率上。

（2）正反转及加减速运行：电动机的转速（运行频率）及旋转方向可直接通过按前操作面板上的增加键/减少键（▲/▼）来改变。

（3）点动运行：按下变频器前操作面板上的点动键，则变频器驱动电动机升速，并运行在由P1058所设置的正向点动10Hz频率值上。当松开变频器前操作面板上的点动键，则变频器将驱动电动机降速至零。这时，如果按一下变频器前操作面板上的换向键，再重复上述的点动运行操作，电动机可在变频器的驱动下反向点动运行。

（4）电动机停车：在变频器的前操作面板上按停止键，则变频器将驱动电动机降速至零。

[安全操作提示]

（1）禁止将变频器的U、V、W输出端接到交流电源上，否则会损坏变频器。

（2）在变频器电源开关断开以后，必须等待5min以上，使变频器电容放电完毕后，才允许开始安装作业，以免触电。

2. 变频器外部端子运行操作

外部端子运行操作，就是利用连接在变频器控制端子上的外部接线来控制电动机启停与运行频率的方法。下面以利用外部端子来控制电动机的正反转及点动为例来介绍。

用旋钮SA1、SA2、SA3、SA4外部控制MM440变频器的运行，分别实现电动机正、反转点动控制，正、反转连续控制。其中端口"5"（DIN1）设为正转控制，端口"6"（DIN2）设为反转控制。端口"7"（DIN3）设为正转点动，端口"8"（DIN4）设为反转点动。变频器电路原理与接线图如图2-9-11所示。

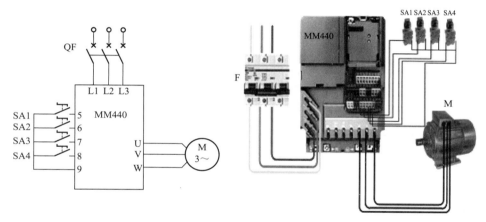

图2-9-11　变频器电路原理与接线图

[操作步骤]

第一步，按图2-9-11所示的电路图，将MM440变频器与电源和电动机进行正确的接线，即将380V三相交流电源连接至MM440的输入端"L1、L2、L3"；将变频器的输出端"U、V、W"连接至三相笼形异步电动机，SA1～SA4分别连接到变频器5、6、7、8、9等端子上，同时还要进行相应的接地保护连接。

第二步，线路检查正确后，合上断路器QF，变频器送电。

第三步，将变频器的所有参数复位为出厂时的缺省设置值（复位过程约需3min才能完成。复位完毕后，设P0010=0，变频器当前处于准备状态，可正常运行）。

第四步，设置变频器参数，见表2-9-8。

表2-9-8　参数设置表

参数号	出厂值	设置值	说明
P0003	1	2	设用户访问级为扩展级
P0700	2	2	命令源选择"由端子排输入"
P0701	1	1	ON接通正转，OFF停止
P0702	1	2	ON接通反转，OFF停止
P1000	2	1	由键盘（电动电位计）输入设定值
P1080	0	0	电动机运行的最低频率/Hz
P1082	50	50	电动机运行的最高频率/Hz
P1120	10	5	斜坡上升时间/s
P1121	10	5	斜坡下降时间/s
P1040	5	20	设定键盘控制的频率值/Hz
P0703	9	10	正向点动
P0704	15	11	反转点动
P1058	5	10	正向点动频率/Hz
P1059	5	10	反向点动频率/Hz
P1060	10	5	点动斜坡上升时间/s
P1061	10	5	点动斜坡下降时间/s

第五步，变频器操作控制。

（1）正向点动运行控制　当闭合旋钮SA3时，变频器数字端口7为ON，电动机按P1060所设置的5s点动斜坡上升时间正向启动运行，经5s后稳定运行频率达到P1058所设置的10Hz。当断开旋钮SA3时，变频器数字端口7为OFF，电动机按P1061所设置的5s点动斜坡下降时间停止运行。

（2）反向点动运行控制　当闭合旋钮SA4时，变频器数字端口8为ON，电动机按P1060所设置的5s点动斜坡上升时间正向启动运行，经5s后稳定运行频率达到P1059所设置的10Hz。当断开旋钮SA4时，变频器数字端口8为OFF，电动机按P1061所设置的5s点动斜坡下降时间停止运行。

（3）电动机的点动速度调节　更改P1058和P1059的值，按（1）、（2）操作过程，就可以改变电动机正反向点动运行速度。

（4）变频器正向运行控制　当闭合旋钮SA1时，变频器数字端口5为ON，电动机按P1120所设置的5s斜坡上升时间正向启动运行，经5s后稳定运行频率达到P1040所设置的20Hz。当断开旋钮SA1时，变频器数字端口5为OFF，电动机按P1121所设置的5s斜坡下降时间停止运行。

（5）变频器反向运行控制　当闭合旋钮SA2时，变频器数字端口6为ON，电动机按P1120所设置的5s斜坡上升时间正向启动运行，经5s后稳定运行频率达到P1040所设置的20Hz。当断开旋钮SA2时，变频器数字端口6为OFF，电动机按P1121所设置的5s斜坡下降时间停止运行。

（6）电动机的连续运行速度调节　更改P1040值，按（4）、（5）操作过程，就可以改变电动机正常运行速度。

[要点解读]

（1）变频器多功能开关量输入端子　MM440所包含的六个多功能数字开关量的输入端子，每个端子都有一个对应的参数用来设定该端子的功能。用户可根据需要对每一个数字输入端口的功能进行参数设置，如表2-9-9所示。

表2-9-9　MM440数字输入端口功能设置表

数字输入	端子编号	参数编号	出厂设置	功能说明
DIN1	5	P0701	1	
DIN2	6	P0702	12	
DIN3	7	P0703	9	=1 接通正转/断开停车
DIN4	8	P0704	15	=2 接通反转/断开停车
DIN5	16	P0705	15	=3 断开按惯性自由停车
DIN6	17	P0706	15	=4 断开按第二降速时间快速停车
	9	公共端	1	=9 故障复位

说明：
① 开关量的输入逻辑可以通过P0725改变。
② 开关量输入状态由参数r0722监控，开关闭合时相应笔画点亮。

=10 正向点动
=11 反向点动
=12 反转（与正转命令配合使用）
=13 电动电位计升速
=14 电动电位计降速
=15 固定频率直接选择
=16 固定频率选择+ON命令
=17 固定频率编码选择+ON命令
=25 使能直流制动
=29 外部故障信号触发跳闸
=33 禁止附加频率设定值
=99 使能BICO参数化

6# 端子断开
5# 端子闭合

（2）变频器停车方法　变频器停车有OFF1、OFF2和OFF3三种停车方法。

①OFF1停车命令能使变频器按照选定的斜坡下降速率减速并停止转动，而斜坡下降时间参数可通过改变参数P1121来修改。

②OFF2停车命令能使电动机依惯性滑行最后停车脉冲被封锁。

③OFF3停车命令能使电动机快速地减速停车。在设置了OFF3的情况下，为了启动电动机，二进制输入端必须闭合（高电平）。只有OFF3为高电平，电动机才能启动，并用OFF1或OFF2方式停车；如果OFF3为低电平，电动机是不能启动的。OFF3停车斜坡下降时间用参数P1135来设定。

（3）变频器频率给定的方法　变频器常见的频率给定方式主要有：操作面板给定、外接信号给定、模拟信号给定和通信方式给定等。西门子MM440变频器的频率给定源由参数号P1000设定，见表2-9-10。

表2-9-10　频率给定源P1000设定参数表

参数号	出厂值	设置值	说　明
P1000	2	1	=1 BOP电动电位计给定（面板）
		2	=2 模拟输入1通道（端子3、4）
		3	=3 固定频率
		4	=4 BOP链路的USS控制
		5	=5 COM链路的USS（端子29、30）
		6	=6 Profi bus（CB通信板）
		7	=7 模拟输入2通道（端子10、11）

四、评价与考核

（1）按照步骤提示，在教师指导下进行识图与安装操作，并正确填写表2-9-11。

表2-9-11　记录表

项目	评分标准		配分	得分
识读电路图	①不会识读电气元件符号图 ②不会识读电路图功能	每处扣5分 每次扣5分	20分	
电路图绘制	①不能正确绘制电气元件符号图 ②绘图不规范 ③漏标文字符号	每处扣10分 每处扣2分 每处扣2分	20分	
安装与接线	①不能正确选择电气元件和质量检测 ②布局不合理 ③安装不牢固，元器件安装错误 ④不按图接线 ⑤接线不符合工艺要求 ⑥损坏电气元件	每处扣2分 扣5分 每处扣2分 每处扣2分 每处扣2分 每处扣5分	30分	
通电试车	①第一次通电不合格 ②第二次通电不合格 ③第三次通电不合格	扣10分 扣10分 此项配分不得分	30分	

（2）综合评价　针对本任务的学习情况，根据表2-9-12所示进行综合评价评分。

表2-9-12　综合评价表

评价项目	评价内容及标准	配分	评价方式		
			自我评价	小组评价	教师评价
职业 素养	学习态度主动，积极参与教学活动	10			
	与同学协作融洽，团队合作意识强	20			

续表

评价项目	评价内容及标准	配分	评价方式		
			自我评价	小组评价	教师评价
专业能力	明确工作任务，按时、完整地完成工作页，问题回答正确	20			
	施工前的准备工作完善、到位	10			
	现场施工完成质量情况	20			
创新能力	学习过程中提出具有创新性、可行性的建议	10			
	及时解决学习过程中遇到的各种问题	10			
学生姓名		综合评价得分			

项目三
直流电动机控制线路

任务一　并励直流电动机启动控制线路

知识目标
1. 理解并励直流电动机的特点以及工作原理。
2. 掌握并励直流电动机电枢回路串电阻启动控制线路的启动原理。

能力目标
1. 能够设计出符合实际应用的控制电路。
2. 能够对控制线路进行安装、调试与维修。

素质目标
1. 培养学生安全文明生产的意识、认真负责的态度。
2. 培养学生的表述与合理辩解能力。
3. 培养学生独立解决问题的能力和电工的责任感。

基础知识

　　直流电动机具有启动转矩大、调速范围广、调速精度高、能够实现无级平滑调速以及可以频繁启动的优点，所以对需要能够在大范围内实现无级平滑调速或需要大启动转矩的生产机械，常用直流电动机来拖动。下面介绍直流电动机的启动控制线路。

一、并励直流电动机的特点

如图3-1-1所示为并励直流电动机实物图。图3-1-2所示为并励直流电动机结构等效电路图，其特点如下。

（1）励磁绕组与电枢绕组并联，加在这两个绕组上的电压相等，而通过电枢绕组的电流 I_a 和通过励磁绕组的电流 I_f 不同，总电流 $I=I_a+I_f$。

（2）励磁绕组匝数多，导线截面积小，励磁电流比电枢电流小得多。

图3-1-1　并励直流电动机

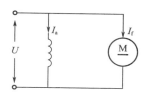

图3-1-2　并励直流电动机结构等效电路图

二、并励直流电动机启动控制线路

并励直流电动机直接启动时，电枢电流可高达十几倍甚至更高的额定电流，使绕组由于过热而损坏，所以对于并励直流电动机来说，一般不允许直接启动，必须采取一定的方法减小启动电流对电路的影响。

直流电动机常用的启动方法有两种：一是电枢回路串联电阻启动；二是降低电源电压启动。对于并励直流电动机，常采用的是电枢回路串联电阻启动。

1. 手动启动控制

对于10kW以下的小容量直流电动机都有配套的手动启动变阻器。BQ3直流电动机启动变阻器外形如图3-1-3（a）所示，主要用于小容量且电压不超过220V的直流电动机启动。它由电阻元件、调节转换装置和外壳三大部分组成。

（1）并励直流电动机手动启动控制电路　并励直流电动机手动启动控制电路如图3-1-3（b）所示，线路四个接线端E1、L+、A1、L−，分别与电源、电枢绕组和励磁绕组相连。手轮8附有衔铁9和恢复弹簧10，弧形铜条7的一端直接与励磁电路接通，同时经过全部启动电阻与电枢绕组接通。

（2）工作原理　启动之前，启动变阻器的手轮置于0位，然后合上电源开关QF，将手轮从0位转到静触头1，接通励磁绕组电路，同时将变阻器RS的全部启动电阻接入电枢电路，电动机开始启动旋转。随着转速的升高，手轮依次转到静触头2、3、4位置，使启动电阻逐级切除，当手轮转到最后一个静触头5时，电磁铁6吸住手轮衔铁9，此时启动电阻全部切除，直流电动机启动完毕，进入正常运转。

当电动机停止工作切断电源时，电磁铁6由于线圈断电吸力消失，在恢复弹簧10的作用下，手轮自动返回0位，以备下次启动。电磁铁6还具有失压和欠压保护作用。

(a) BQ3直流电动机启动变阻器外形图

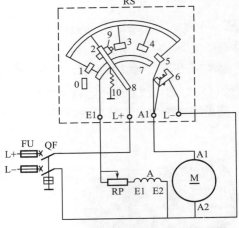

(b) 并励直流电动机手动启动控制电路图

图3-1-3　启动变阻器外形及工作原理图

0～5—分段静触头；6—电磁铁；7—弧形铜条；8—手轮；9—衔铁；10—恢复弹簧

[安全操作提示]

（1）转动启动变阻器手轮时，在每个触点位置上要停留约2s的时间。

（2）启动时，为了获得较大的启动转矩，应将励磁电路的外接电阻RP短接，此时励磁电流最大，这样才能产生较大的启动转矩。

（3）由于并励电动机的励磁绕组具有很大的电感，所以当手轮回到0位时，励磁绕组会因为突然断电而产生很大的自感电动势，可能会击穿绕组的绝缘，在手轮和铜条间还会产生火花，将动触点烧坏。因此，为防止发生这些现象，将弧形铜条7与静触头1相连，在手轮回到0位时励磁绕组、电枢绕组和启动电阻能组成一闭合回路，作为励磁绕组断电时的放电回路。

2. 电枢回路串电阻启动控制线路

并励直流电动机电枢回路串电阻启动控制线路的电路图如图3-1-4所示。

[要点解读]

（1）KA1为欠电流继电器，作为励磁绕组的失磁保护，以免励磁绕组因断线或接触不良引起"飞车"事故；KA2为过电流继电器，对电动机进行过载和短路保护。

（2）电阻R为电动机停转时励磁绕组的放电电阻；V为续流二极管，使励磁绕组正常工作时电阻R上没有电流流过。

（3）并励直流电动机在启动时，励磁绕组的两端电压必须保证为额定电压。否则启动电流仍然很大，启动转矩也可能很小，甚至不能启动。

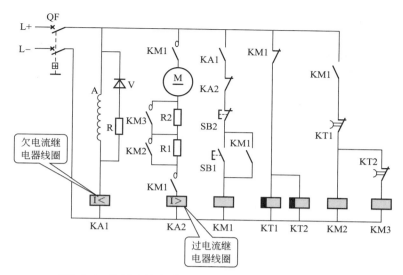

图3-1-4　并励直流电动机电枢回路串电阻启动控制线路

工作原理分析如下。

合上电源开关QF。

（1）励磁绕组分析

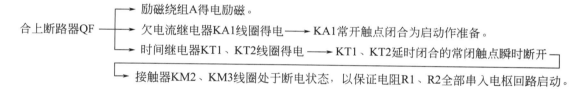

（2）电枢回路串电阻启动控制分析

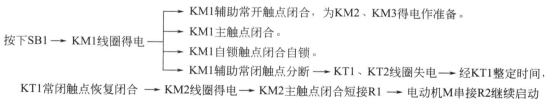

KT1常闭触点恢复闭合 ⟶ KM2线圈得电 ⟶ KM2主触点闭合短接R1 ⟶ 电动机M串接R2继续启动 ⟶ 经KT2整定时间，KT2常闭触点恢复闭合 ⟶ KM3线圈得电 ⟶ KM3主触点闭合短接电阻R2 ⟶ 电动机M启动结束进入正常运转。

停止时，按下SB2即可。

技能实训

一、实训目标

掌握并励直流电动机启动控制线路的安装与调试。

二、实训设备与器材

（1）常用电工工具。

（2）选择电气元件明细见表3-1-1。

表3-1-1　电气元件明细表

名称	型号	数量
直流电动机	Z4-100-1	1台
断路器	DZ47-63/3P	1个
熔断器	RT32-10	2个
启动变阻器	BQ3	1个
调速变阻器	BC1-300	1个
端子排	JD0-2520	1根
导线	BVR-1.5	若干
控制板		1块

三、实训内容与步骤

第一步，根据实训场地所备电动机的铭牌数据，结合实际条件，进行电气元件的选配。

第二步，按元件明细表配齐所用电气元件，并对各电气元件进行质量检查。如元件外观有无破损、活动部分是否灵活、型号规格是否相符等。

第三步，根据电路图进行线路编号。

第四步，根据电路图在配电板上合理布局各电气元件，并对电气元件进行牢固安装，然后贴上醒目的文字符号。电源开关、启动变阻器和按钮板的安装位置要接近电动机和被拖动的机械，以便在控制时能看到电动机和被拖动机械的运行情况。

第五步，在控制板上根据电路图进行正确布线和套编码套管。

第六步，连接控制板外部的导线。

第七步，可靠连接电动机和金属元件金属外壳的保护接地线。

第八步，接线完毕，采用自检、互检的方式进行检查，初次进行接线练习时，必须由指导教师现场指导并作最后的检查。

第九步，检查无误后按正确的操作步骤通电试车。

四、评价与考核

（1）按照步骤提示，在教师指导下进行识图与安装操作，并正确填写表3-1-2。

表3-1-2　记录表

项目	评分标准		配分	得分
识读电路图	①不会识读电气元件符号图 ②不会识读电路图功能	每处扣5分 每次扣5分	20分	

续表

项目	评分标准		配分	得分
电路图绘制	①不能正确绘制电气元件符号图 ②绘图不规范 ③漏标文字符号	每处扣10分 每处扣2分 每处扣2分	20分	
安装与接线	①不能正确选择电气元件和质量检测 ②布局不合理 ③安装不牢固，元器件安装错误 ④不按图接线 ⑤接线不符合工艺要求 ⑥损坏电气元件	每处扣2分 扣5分 每处扣2分 每处扣2分 每处扣2分 每处扣5分	30分	
通电试车	①第一次通电不合格 ②第二次通电不合格 ③第三次通电不合格	扣10分 扣10分 此项配分不得分	30分	

（2）综合评价　针对本任务的学习情况，根据表3-1-3所示进行综合评价评分。

表3-1-3　综合评价表

评价项目	评价内容及标准	配分	评价方式		
			自我评价	小组评价	教师评价
职业素养	学习态度主动，积极参与教学活动	10			
	与同学协作融洽，团队合作意识强	20			
专业能力	明确工作任务，按时、完整地完成工作页，问题回答正确	20			
	施工前的准备工作完善、到位	10			
	现场施工完成质量情况	20			
创新能力	学习过程中提出具有创新性、可行性的建议	10			
	及时解决学习过程中遇到的各种问题	10			
学生姓名		综合评价得分			

任务二　并励直流电动机正反转控制线路

知识目标

理解并励直流电动机电枢反接法正反控制线路的工作原理。

能力目标

1. 能够设计出符合实际应用的正转电路。
2. 能够对并励直流电动机正反转电路进行安装、调试与维修。

素质目标

1. 培养学生安全文明生产的意识、认真负责的态度。
2. 培养学生的表述与合理辩解能力。
3. 培养学生独立解决问题的能力和电工的责任感。

基础知识

在实际机械设备中，由于工艺的要求，需经常对并励直流电动机进行正反转控制。因此，要完成并励直流电动机的正反转控制。

一、并励直流电动机的正反转控制方法

并励直流电动机实现正反转的方法有两种：一种是电枢绕组反接法，即改变电枢电流方向，保持励磁电流方向不变；另一种是励磁绕组反接法，即改变励磁电流方向，保持电枢电流方向不变。不管哪一种都是为了改变直流电动机的电磁转矩的方向，从而实现反转。

在实际生产中，常采用电枢绕组反接法来实现并励电动机的反转，原因有两个。

一是为了避免产生大的自感电动势。因为并励电动机励磁绕组的匝数多，电感大，当从电源上断开励磁绕组时，会产生较大的自感电动势，容易产生电弧烧坏触点，也容易把励磁绕组的绝缘击穿。

二是为了避免引起"飞车"事故。因为励磁绕组在断开时，由于失磁会造成很大电枢电流，易引起"飞车"事故。

二、并励直流电动机电枢反接法控制正反转线路

如图3-2-1所示为并励直流电动机电枢反接法控制正反转的电路图。

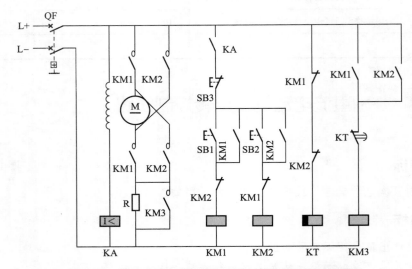

图3-2-1　并励直流电动机电枢反接法控制正反转电路图

工作原理分析：合上电源开关QF。

（1）正转启动

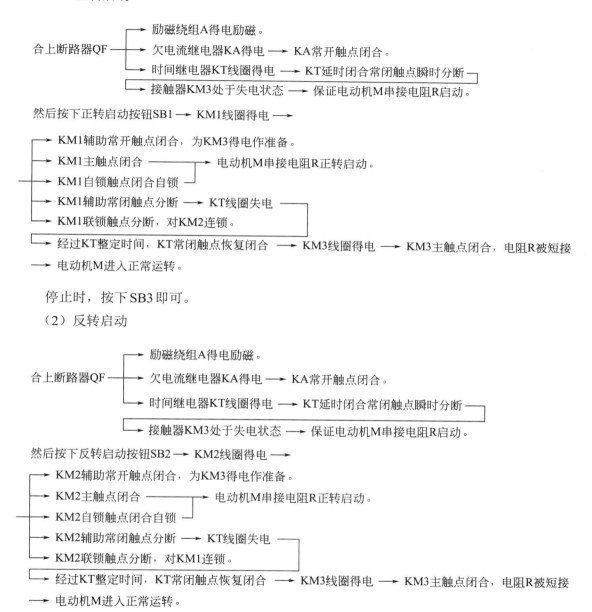

合上断路器QF ——→ 励磁绕组A得电励磁。

→ 欠电流继电器KA得电 ——→ KA常开触点闭合。

→ 时间继电器KT线圈得电 ——→ KT延时闭合常闭触点瞬时分断

→ 接触器KM3处于失电状态 ——→ 保证电动机M串接电阻R启动。

然后按下正转启动按钮SB1 ——→ KM1线圈得电 ——→

→ KM1辅助常开触点闭合，为KM3得电作准备。

→ KM1主触点闭合 ——→ 电动机M串接电阻R正转启动。

→ KM1自锁触点闭合自锁

→ KM1辅助常闭触点分断 ——→ KT线圈失电

→ KM1联锁触点分断，对KM2连锁。

→ 经过KT整定时间，KT常闭触点恢复闭合 ——→ KM3线圈得电 ——→ KM3主触点闭合，电阻R被短接

——→ 电动机M进入正常运转。

停止时，按下SB3即可。

（2）反转启动

合上断路器QF ——→ 励磁绕组A得电励磁。

→ 欠电流继电器KA得电 ——→ KA常开触点闭合。

→ 时间继电器KT线圈得电 ——→ KT延时闭合常闭触点瞬时分断

→ 接触器KM3处于失电状态 ——→ 保证电动机M串接电阻R启动。

然后按下反转启动按钮SB2 ——→ KM2线圈得电 ——→

→ KM2辅助常开触点闭合，为KM3得电作准备。

→ KM2主触点闭合 ——→ 电动机M串接电阻R正转启动。

→ KM2自锁触点闭合自锁

→ KM2辅助常闭触点分断 ——→ KT线圈失电

→ KM2联锁触点分断，对KM1连锁。

→ 经过KT整定时间，KT常闭触点恢复闭合 ——→ KM3线圈得电 ——→ KM3主触点闭合，电阻R被短接

——→ 电动机M进入正常运转。

停止时，按下SB3即可。

技能实训 👆

一、实训目标

独立完成直流电动机正反转控制线路的安装。

二、实训设备与器材

（1）电工常用工具。

（2）选用仪表及器材　根据直流电动机的技术数据及直流正反转控制线路的电路图，选用工具、仪表及器材，如表3-2-1（表中的器材仅为参考型号）所示。

表 3-2-1　元件器材明细表

代号	名称	型号	数量
M	直流电动机	自定	1台
QF	低压断路器	DZ47-63/2P；D32	1个
KM1、KM2	交流接触器	CZ5-22，线圈电压直流110V	2个
TC	整流变压器	型号自定，副边输出110V	1个
V	整流桥	型号自定	1块
SB1～SB3	按钮	LA4-3H	1个
XT	端子排	TB-2506	各1根
		TB-1010	
	主电路导线	BVR2.5mm² （黄、绿）	各10m
	控制电路导线	BVR1.5mm²	15m
	接地线	BVR2.5mm²黄绿双色线	2m
	控制板	400mm×500mm	1块
	木螺钉及编码套管	根据实际情况自定	若干

三、实训内容与步骤

第一步，画出直流电动机正反转控制线路图，参考图3-2-2。

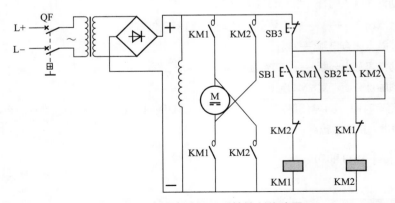

图3-2-2　直流电动机正反转控制线路图

第二步，电气元件好坏的检测。根据项目一所学的知识，通过检查外观和用万用表进行元器件好坏的检测。

第三步，元器件布局与安装，如图3-2-3所示。

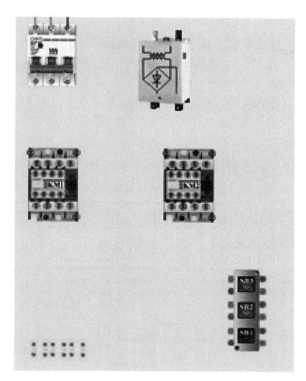

图3-2-3　元器件布局图

第四步，接线。根据电路图进行接线，接线应符合工艺要求，如图3-2-4所示。

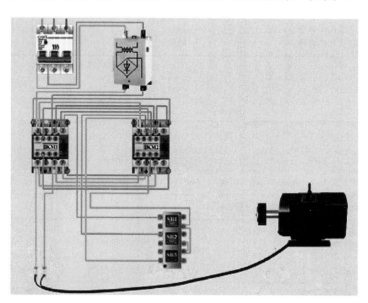

图3-2-4　线路安装控制板图

第五步，自查。用万用表检查线路有无错线，并防止短路事故。

第六步，通电试车。线路检查完毕后，应先合上电源开关QF。

（1）正转调试。按下正转启动按钮SB1，看控制电路中KM1是否吸合正常，电动机是否运转。

（2）正转停止。按下停止按钮SB3后，观察电动机是否停止运行。

（3）反转调试。按下反转启动按钮SB2，看控制电路中KM2是否吸合正常，电动机是否运转。

（4）反转停止。按下停止按钮SB3后，观察电动机是否停止运行。

四、评价与考核

（1）按照步骤提示，在教师指导下进行识图与安装操作，并正确填写表3-2-2。

表3-2-2　记录表

项目	评分标准		配分	得分
识读电路图	①不会识读电气元件符号图 ②不会识读电路图功能	每处扣5分 每次扣5分	20分	
电路图绘制	①不能正确绘制电气元件符号图 ②绘图不规范 ③漏标文字符号	每处扣10分 每处扣2分 每处扣2分	20分	
安装与接线	①不能正确选择电气元件和质量检测 ②布局不合理 ③安装不牢固，元器件安装错误 ④不按图接线 ⑤接线不符合工艺要求 ⑥损坏电气元件	每处扣2分 扣5分 每处扣2分 每处扣2分 每处扣2分 每处扣5分	30分	
通电试车	①第一次通电不合格 ②第二次通电不合格 ③第三次通电不合格	扣10分 扣10分 此项配分不得分	30分	

（2）综合评价　针对本任务的学习情况，根据表3-2-3所示进行综合评价评分。

表3-2-3　综合评价表

评价项目	评价内容及标准	配分	评价方式		
			自我评价	小组评价	教师评价
职业素养	学习态度主动，积极参与教学活动	10			
	与同学协作融洽，团队合作意识强	20			
专业能力	明确工作任务，按时、完整地完成工作页，问题回答正确	20			
	施工前的准备工作完善、到位	10			
	现场施工完成质量情况	20			
创新能力	学习过程中提出具有创新性、可行性的建议	10			
	及时解决学习过程中遇到的各种问题	10			
学生姓名		综合评价得分			

任务三 并励直流电动机制动控制线路

知识目标

理解并励直流电动机单向启动能耗制动、双向启动反接制动的工作原理。

能力目标

正确安装与调试并励直流电动机能耗制动控制线路。

素质目标

1. 培养学生安全文明生产的意识、认真负责的态度。
2. 培养学生的表述与合理辩解能力。
3. 培养学生独立解决问题的能力和电工的责任感。

基础知识

直流电动机由于惯性作用断开电源以后，不会马上停止转动，而是需要一定时间才会完全停转。然而在生产实际中某些机械有准确定位、立即停转等要求，这就需要对电动机进行制动。

制动方法分为机械制动和电力制动两大类。机械制动常用的方法是电磁抱闸制动；电力制动常用的方法有能耗制动、反接制动和再生发电制动三种。由于电力制动具有制动力矩大、操作方便、无噪声等优点，所以在直流电力拖动中应用广泛。

一、能耗制动控制线路

能耗制动又称为电阻制动，是指保持直流电动机的励磁电流不变，将电枢绕组的电源切除后，立即使其与制动电阻连接成闭合回路。电枢凭惯性处于发电运行状态，将转动动能转化为电能并消耗在电枢回路中，同时获得制动转矩，迫使电动机迅速停转。

并励直流电动机单向启动能耗制动控制电路如图3-3-1所示。

工作原理分析如下。

（1）串电阻单向启动运转 合上电源开关QF，按下启动按钮SB1，电动机M接通电源进行串电阻二级启动运转，详细控制过程与并励直流电动机电枢回路串电阻启动控制线路相同。

（2）能耗制动停转

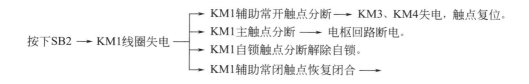

按下SB2 → KM1线圈失电
→ KM1辅助常开触点分断 → KM3、KM4失电，触点复位。
→ KM1主触点分断 → 电枢回路断电。
→ KM1自锁触点分断解除自锁。
→ KM1辅助常闭触点恢复闭合 →

> ┌─► KT1、KT2线圈得电 ──► KT1、KT2延时闭合常闭触点瞬时分断。
> └─► 由于惯性运转的电枢切割磁力线，在电枢绕组中产生感应电动势 ──► 使并接在电枢两端的欠电压

继电器KV的线圈得电 ──► KV常开触点闭合 ──► KM2线圈得电 ──► KM2常开触点闭合 ──► 制动电阻RB

接入电枢回路进行能耗制动 ──► 当电动机转速减小到一定值时，电枢绕组的感应电动势随之减小到很小

──► 使欠电压继电器KV释放 ──► KV触点复位 ──► KM2断电释放，断开制动回路，能耗制动完毕。

图3-3-1中的电阻R为电动机能耗制动停转时励磁绕组的放电电阻，V为续流二极管。

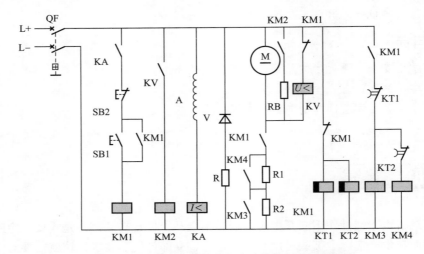

图3-3-1 并励直流电动机单向启动能耗制动控制电路

二、反接制动控制线路

对于直流电动机反接制动，通常利用改变电枢两端电压极性或改变励磁电流的方向，来改变电磁转矩的方向，形成制动力矩，从而迫使电动机迅速停转。

并励直流电动机的反接制动是采用电枢绕组反接法，即将正在运行的电动机的电枢绕组突然反接来实现的。并励直流电动机双向启动反接制动控制线路，如图3-3-2所示。

工作原理分析如下。

（1）正向启动运转

> ┌─► 励磁绕组A得电励磁。
> 合上断路器QF ─┼─► 欠电流继电器KA线圈得电 ──► KA常开触点闭合，为启动作准备。
> └─► 时间继电器KT1、KT2线圈得电 ──► KT1、KT2延时闭合常闭触点瞬时断开 ──►

接触器KM6、KM7线圈处于断电状态，以保证电阻R1、R2全部串入电枢回路启动。

> ┌─► SB1常闭触点分断对KM2的联锁。
> 按下SB1 ─┤   ┌─► KM1主触点闭合 ──────────────► ①
> └─► SB1常开触点闭合 ──► KM1线圈得电 ─┼─► KM1自锁触点闭合自锁
>   ├─► KM1的3对辅助常闭触点分断 ──► ②
>   └─► KM1辅助常开触点闭合。

① ── 电动机M串接R1、R2启动。

② ──┬── 对KM2、KM3联锁。
　　 └── KT1、KT2线圈失电 ── 经KT1、KT2整定时间，KT1和KT2的常闭触点先后闭合 ── KM6、KM7线圈得电 ── KM6、KM7主触点闭合 ── 逐级切除电阻R1、R2 ── 电动机M启动结束进入正常运转。

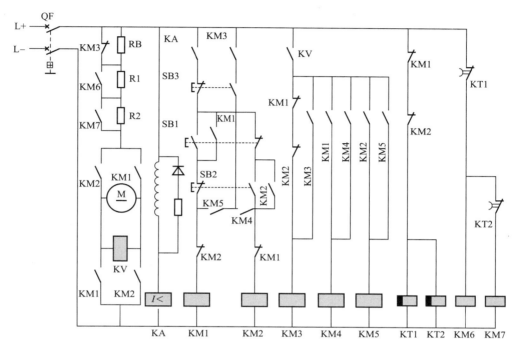

图3-3-2 并励直流电动机双向启动反接制动控制线路

（2）反接制动

按下SB3 ──┬── SB3常闭触点分断 ── KM1线圈失电 ── KM1触点复位。此时电动机仍惯性运动，反电动势E_a仍较高，电压继电器KV仍保持得电。
　　　　　 └── SB3常开触点闭合 ── KM2和KM3线圈得电 ── KM2、KM3的触点动作

── 电动机的电枢绕组串入RB反接制动 ── 待转速接近于零时 ── 电压继电器KV断电释放 ── 接触器KM3、KM4和KM2断电，反接制动完毕。

　　[安全操作提示]

　　采用电枢绕组反接法进行反接制动时，要注意两点。

　　（1）一定要在电枢回路中串接外加电阻。为防止因电枢绕组突然反接时电枢电流过大，易使换向器和电刷产生强烈火花，对电动机的换向不利，一定要在电枢回路中串接外加电阻，以限制电枢电流。外加电阻阻值的大小可取近似等于电枢的电阻值。

　　（2）要注意防止电动机反转。当电动机的转速接近于零时，应及时、准确、可靠地断开电枢回路的电源，以防止电动机反转。

三、再生发电制动

再生发电制动只适用于电动机的转速大于空载转速 n_0 的场合。这时电枢产生的反电动势 E_a 大于电源电压 U，电枢电流改变了方向，电动机处于发电制动状态，不仅将拖动系统中的机械能转化为电能反馈回电网，而且产生制动力矩以限制电动机的转速。

技能实训

一、实训目标

独立完成直流电动机制动控制线路的安装。

二、实训设备与器材

（1）电工常用工具。

（2）选用仪表及器材　根据直流电动机的技术数据及直流电动机能耗控制线路的电路图，选用工具、仪表及器材，如表3-3-1（表中的器材仅为参考型号）所示。

表3-3-1　元件器材明细表

代号	名称	型号	数量
M	直流电动机	自定	1台
QF	低压断路器	DZ47-63/2P；D32	1个
KM1	交流接触器	CJX2-1510，线圈电压380V	1个
QF	熔断器	RL1-15/5A	2个
TC	变压器	型号自定	1个
V	整流桥	型号自定	1块
R	电阻器	型号自定	1个
SB1 ~ SB3	按钮	LA4-2H	1个
XT	端子排	TB-2506	各1根
	主电路导线	BVR2.5mm²（黄、绿、红）	各10m
	控制电路导线	BVR1.5mm²	15m
	接地线	BVR2.5mm²黄绿双色线	2m
	控制板	400mm×500mm	1块
	木螺钉及编码套管	根据实际情况自定	若干

三、实训内容与步骤

第一步，画出直流电动机能耗制动控制线路图，参考图3-3-3。

第二步，电气元件好坏的检测。根据项目一所学的知识，通过检查外观和用万用表进行元器件好坏的检测。

第三步，元器件安装与接线。

根据电路图进行接线，接线应符合工艺要求，如图3-3-4所示。

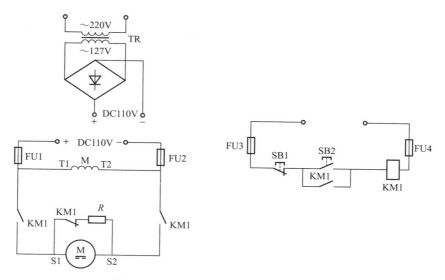

图3-3-3 直流电动机能耗制动控制线路图

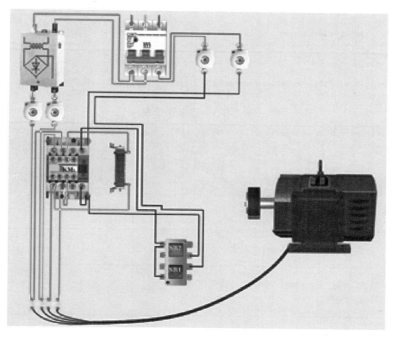

图3-3-4 线路安装控制板图

第四步，自查。用万用表检查线路有无错线，并防止短路事故。

第五步，通电试车。线路检查完毕后，应先合上电源开关QF。

（1）按下启动按钮SB2，看控制电路中KM1是否吸合正常，电动机是否运转。

（2）按下停止按钮SB1后，观察电动机是否停止制动。

四、评价与考核

（1）按照步骤提示，在教师指导下进行识图与安装操作，并正确填写表3-3-2。

表3-3-2　记录表

项目	评分标准		配分	得分
识读电路图	①不会识读电气元件符号图 ②不会识读电路图功能	每处扣5分 每次扣5分	20分	
电路图绘制	①不能正确绘制电气元件符号图 ②绘图不规范 ③漏标文字符号	每处扣10分 每处扣2分 每处扣2分	20分	
安装与接线	①不能正确选择电气元件和质量检测 ②布局不合理 ③安装不牢固，元器件安装错误 ④不按图接线 ⑤接线不符合工艺要求 ⑥损坏电气元件	每处扣2分 扣5分 每处扣2分 每处扣2分 每处扣2分 每处扣5分	30分	
通电试车	①第一次通电不合格 ②第二次通电不合格 ③第三次通电不合格	扣10分 扣10分 此项配分不得分	30分	

（2）综合评价　针对本任务的学习情况，根据表3-3-3所示进行综合评价评分。

表3-3-3　综合评价表

评价项目	评价内容及标准	配分	评价方式		
			自我评价	小组评价	教师评价
职业素养	学习态度主动，积极参与教学活动	10			
	与同学协作融洽，团队合作意识强	20			
专业能力	明确工作任务，按时、完整地完成工作页，问题回答正确	20			
	施工前的准备工作完善、到位	10			
	现场施工完成质量情况	20			
创新能力	学习过程中提出具有创新性、可行性的建议	10			
	及时解决学习过程中遇到的各种问题	10			
学生姓名		综合评价得分			

任务四　并励直流电动机调速控制线路

知识目标
理解直流电机的三种调速方法以及对应的调速原理。

能力目标
能够正确识读与安装直流电动机调速控制线路。

素质目标
1. 培养学生安全文明生产的意识、认真负责的态度。
2. 培养学生的表述与合理辩解能力。
3. 培养学生独立解决问题的能力和电工的责任感。

基础知识

在实际生产中，如万能、组合专用切削机床及矿山冶金、纺织、印染、化工、农机等行业中的各种传动机构有逐级调速的要求，从而要求直流电动机可随负载的要求变换转速，以达到功率的合理匹配。

由直流电动机的转速公式 $n = \dfrac{U - I_A R_A}{C_e \Phi}$ 可知，直流电动机的调速可通过三种方法来实现：一是电枢回路串电阻调速；二是改变主磁通调速；三是改变电枢电压调速。

一、电枢回路串电阻调速

并励直流电动机电枢回路串电阻调速原理图如图3-4-1所示。这种调速方法是通过在直流电动机的电枢回路中，串接调速变阻器实现调速的。

调速原理分析如下。

当电枢回路串接变阻器RP后，可知电动机的转速为 $n =$

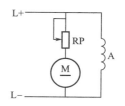

图3-4-1　电枢回路串电阻调速原理图

$\dfrac{U - I_A(R_A + R_P)}{C_e \Phi}$，当电源电压 U 及磁通 Φ 保持不变、增大RP的阻值时，I_A（Rare）将增加，使电动机的转速 n 下降；反之转速则上升。

[安全操作提示]

电枢回路串电阻调速只能使电动机的转速在额定转速以下范围内调节，故其调速范围较窄，一般为1.5∶1。另外，这种调速稳定性也较差，能量损耗较大。但由于这种调速方法所用的设备简单，操作较方便，所以在短期工作、容量较小且机械特性硬度要求不太高的场合使用广泛。如蓄电池搬运车、无轨电车、吊车等生产机械上，仍广泛采用此种方法调速。

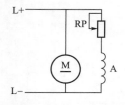

图3-4-2 改变主磁通调
速原理图

二、改变主磁通调速

图3-4-2所示为并励直流电动机改变主磁通调速的原理图。这种调速方法是通过改变励磁电流的大小来实现的。当调节附加电阻器RP时，可以改变励磁电流的大小，从而改变主磁通的大小，实现电动机的调速。

[安全操作提示]

由于直流电动机在额定运行时，磁路已稍有饱和，此调速方法只能减弱励磁实现调速。因此这种调速方法也叫弱磁调速，即只能在额定转速以上范围内调节，但转速又不能调节得过高，以免电动机振动过大，换向条件恶化，甚至会出现"飞车"事故。所以用这种方法调速时，其最高转速一般在3000r/min以下。

三、改变电枢电压调速

1. G-M调速系统

G-M调速系统的电路图如图3-4-3所示，它是直流发电机-直流电动机调速系统的简称。其中M1是他励直流电动机，用来拖动生产机械；G1是他励直流发电机，为他励直流电动机M1提供电枢电压；G2是并励直流发电机，为他励直流电动机M1和他励直流发电机G1提供励磁电压，同时为控制电路提供直流电源；M2是三相笼形异步电动机，用来拖动同轴连接的他励直流发电机G1和并励直流发电机G2；A1、A2和A分别是G1、G2和M1的励磁绕组；R1、R2和R是调节变阻器，分别用来调节G1、G2和M1的励磁电流；KA是过电流继电器，用于电动机M1的过载和短路保护；SB1、KM1组成正转控制电路；SB2、KM2组成反转控制电路。

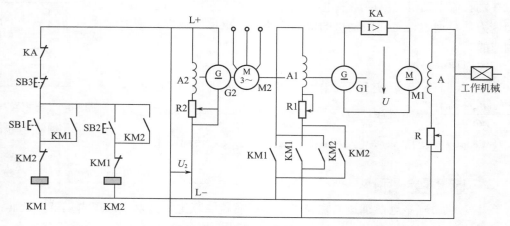

图3-4-3 G-M调速系统的电路图

G-M调速系统的控制原理分析如下。

（1）励磁 启动异步电动机M2→拖动直流发电机G1和G2同速旋转→发电机G2切割剩

磁磁力线产生感应电动势→输出直流电压U_2，除提供本身励磁电压外还供给G-M机组励磁电压和控制电路电压。

（2）启动　按下启动按钮SB1→接触器KM1线圈得电→KM1常开触点闭合→发电机G1的励磁绕组A1接入电压U_2开始励磁→电动机M1启动。

因发电机G1的励磁绕组A1的电感较大，所以励磁电流逐渐增大，使G1产生的感应电动势和输出电压从零逐渐增大，这样就避免了直流电动机M1在启动时有较大的电流冲击。因此在电动机启动时，不需要在电枢电路中串入启动电阻就可以很平滑地进行启动。

（3）调速　启动前，应将调节变阻器R调到零，R1调到最大，目的是使直流电压U逐步上升，直流电动机M1则从最低速逐渐上升到额定转速。

当M1运转后需调速时→将R1的阻值调小→使G1的励磁电流增大→G1的输出电压U增大→电动机M1转速升高。

[安全操作提示]

① 调节 R1 的阻值能升降直流发电机G1的输出电压U，即可达到调节直流电动机M1转速的目的。不过加在直流电动机M1电枢上的电压U不能超过其额定电压值。所以一般情况下，调节电阻R1只能使电动机在低于额定转速情况下进行平滑调速。

② 当需要电动机在额定转速以上进行调速时，则应先调节R1，使电动机电枢电压U保持在额定值不变，然后将电阻R的阻值调大，使直流电动机M1的励磁电流减小，其主磁通也减小，电动机M1的转速升高。

③ G-M系统的调速平滑性好，可实现无级调速，具有较好的启动、调速、控制性能，因此曾被广泛用于龙门刨床、重型镗床、轧钢机、矿井提升设备等生产机械上。

④ 由于G-M系统存在设备费用高、机组多、占地面积大、效率较低、过渡过程的时间较长等不足，所以，目前正广泛地使用晶闸管整流装置作为直流电动机的可调电源，组成晶闸管-直流电动机调速系统。

---

2. 晶闸管-直流电动机调速系统

图3-4-4所示为带有速度负反馈的晶闸管-直流电动机调速系统，它是用晶闸管整流装置代替G-M调速系统的直流发电机。由于这种系统具有效率高、功率增益大、快速性和控制性好、噪声小等优点，正逐渐取代其他的直流调速系统。

工作原理分析：

输入电压U_g由电位器R_g调节，TG为测速发电机，作为转速检测元件。工作中测速发电机的电枢电压与转速成正比，电枢电压的一部分U_f反馈到系统的输入端，与U_g比较后，产生电压$\Delta U = U_g - U_f$送入放大器。经放大器放大后，送入触发器产生移相脉冲，触发晶体管，从而改变晶闸管整流电路的输出，使电动机M的电枢电压改变，实现电动机转速的变化。当电动机的转速达到某一值时，使$\Delta U = 0$V，触发脉冲不再移相，晶闸管整流电路输出就稳定在某一值，使电动机在这一转速下稳定运转。由于反馈信号U_f与被控对象的转速n成正比，故称为转速负反馈闭环调速系统。

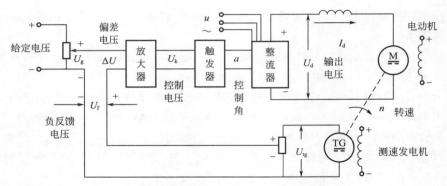

图3-4-4 晶闸管-直流电动机调速系统图

技能实训

本任务的练习可参考栋梁科技有限公司生产的直流电动机调速实验装置进行实训。

任务五 串励直流电动机基本控制线路

知识目标

1. 理解串励直流电动机启动、调速原理。
2. 掌握串励直流电动机正反转控制线路的工作原理。
3. 掌握串励直流电动机制动控制线路的工作原理。

能力目标

能够正确识读与安装串励直流电动机控制线路。

素质目标

1. 培养学生安全文明生产的意识、认真负责的态度。
2. 培养学生的表述与合理辩解能力。
3. 培养学生独立解决问题的能力和电工的责任感。

基础知识

串励直流电动机具有启动转矩较大、启动性能好、过载能力较强等优点。因此，在要求有大的启动转矩、负载变化时转速允许变化的恒功率负载场合，如起重机、吊车、电力机车等，宜采用串励直流电动机。如图3-5-1所示为几种串励直流电动机的外形。图3-5-2为串励直流电动机的原理图。

图3-5-1　串励直流电动机的外形

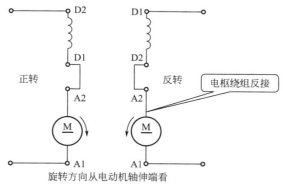

图3-5-2　串励直流电动机的原理图

一、串励直流电动机启动控制线路

串励电动机和并励电动机一样，采用电枢回路串接启动电阻的方法进行启动，以限制启动电流。

必须注意的是，串励电动机使用时，切忌空载或轻载启动及运行。因为空载或轻载时，电动机转速很高，会使电枢因离心力过大而损坏，所以启动时至少要带20%～30%的额定负载。而且电动机要与生产机械直接耦合，禁止使用带传动，以防带滑脱而造成严重事故。

1. 手动启动控制线路

串励电动机串接Z型启动变阻器手动启动控制电路图如图3-5-3所示，其启动方法与并励电动机相同。

2. 自动启动控制线路

串励电动机串电阻二级启动电路图如图3-5-4所示。

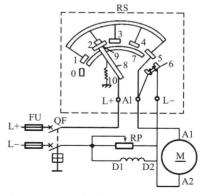

图3-5-3　串励电动机串接Z型启动变阻器手动启动控制电路图

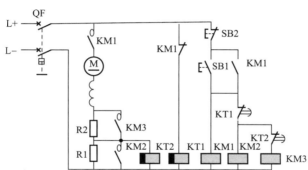

图3-5-4　串励电动机串电阻二级启动电路图

工作原理分析如下。

合上电源开关QF ──→ KT1线圈得电 ──→ KT1延时闭合常闭 触点瞬时断开 ──→ 使接触器KM2、KM3处于断电状态 ──→ 保证电动机串入电阻R1、R2启动。

按下SB1 ──→ KM1线圈得电 ┬→ KM1自锁触点闭合自锁 ──→ 电动机M串入R1、R2启动

├→ KM1主触点闭合 ──→ KT2线圈得电 ──→ KT2常闭触点瞬时分断。

└→ KM1辅助常闭触点分断 ──→ KT1线圈失电 ──→ 经KT1整定时间，KT1延时闭合常闭触点恢复闭合 ──→ KM2线圈得电 ──→ KM2主触点闭合短接R1 ──→ 电动机M串接R2继续启动 ──→ 在R1被短接时 ──→ KT2的线圈也被短接断电 ──→ 经KT2整定时间，KT2常闭触点恢复闭合 ──→ KM3线圈得电 ──→ KM3线圈得电 ──→ KM3主触点闭合短接电阻R2 ──→ 电动机M进入正常运转。

停止时，按下SB2即可。

二、串励直流电动机正反转控制线路

因为串励电动机电枢绕组两端的电压很高不易采用电枢反接法，而励磁绕组两端的电压较低，反接较容易，故采用励磁绕组反接法实现串励电动机的正反转控制。

串励直流电动机的反转常采用励磁绕组反接法实现，如图3-5-5所示是串励直流电动机的正反转控制电路。

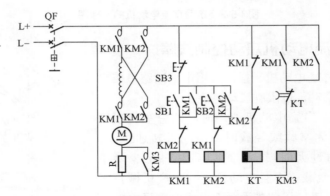

图3-5-5　串励直流电动机的正反转控制电路

工作原理分析如下。

（1）串电阻启动

合上断路器QF ──→ 时间继电器KT线圈得电 ──→ KT延时闭合常闭 触点瞬时分断 ──→ 接触器KM3处于失电状态 ──→ 保证电动机M串接电阻R启动。

（2）正转

按下正转启动按钮SB1 ──→ KM1线圈得电 ──→

├→ KM1辅助常开触点闭合，为KM3得电作准备。

├→ KM1主触点闭合 ──→ 电动机M串接电阻R正转启动。

├→ KM1自锁触点闭合自锁

├→ KM1辅助常闭触点分断 ──→ KT线圈失电 ──┐

└→ KM1联锁触点分断，对KM2连锁。 │

└→ 经过KT整定时间，KT常闭触点恢复闭合 ──→ KM3线圈得电 ──→ KM3主触点闭合，电阻R被短接 ──→ 电动机M进入正常运转。

（3）反转

按下反转启动按钮SB2 —→ KM2线圈得电 —→

┌—→ KM2辅助常开触点闭合，为KM3得电作准备。
├—→ KM2主触点闭合 —————→ 电动机M串接电阻R反转启动。
├—→ KM2自锁触点闭合自锁
├—→ KM2辅助常闭触点分断 —→ KT线圈失电 ┐
├—→ KM2联锁触点分断，对KM1连锁。
└—→ 经过KT整定时间，KT常闭触点恢复闭合 —→ KM3线圈得电 —→ KM3主触点闭合，电阻R被短接
—→ 电动机M进入正常运转。

停止时，按下SB3即可。

三、串励直流电动机调速控制线路

串励电动机的电气调速方法与他励和并励电动机的电气调速方法相同，即电枢回路串电阻调速、改变主磁通调速和改变电枢电压调速三种方法。其中，改变主磁通调速，在大型串励电动机上，常采用在励磁绕组两端并联可调分流电阻的方法进行调磁调速；在小型串励电动机上，常采用改变励磁绕组的匝数或接线方式来实现调磁调速。

四、串励直流电动机制动控制线路

由于串励直流电动机的理想空载转速趋于无穷大，所以运行中不可能满足再生发电制动的条件，因此串励直流电动机电力制动的方法只有能耗制动和反接制动两种。

1. 能耗制动控制

串励直流电动机的能耗制动分为自励式和他励式两种。

（1）自励式能耗制动　自励式能耗制动是指当电动机切断电源后，将励磁绕组反接并与电枢绕组和制动电阻串联构成闭合回路，使惯性运转的电枢处于自励发电状态，产生与原方向相反的电流和电磁转矩，迫使电动机迅速停转，电路如图3-5-6所示。自励式能耗制动设备简单，在高速时制动力矩大，制动效果好。但在低速时制动力矩减小很快，制动效果变差。

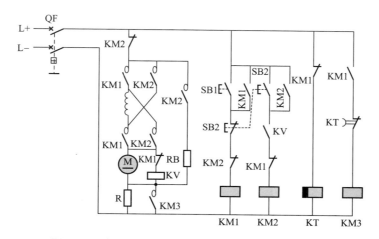

图3-5-6　串励直流电动机自励式能耗制动控制线路图

工作原理分析如下。

能耗制动停转过程如下。

按下停止按钮SB2 ——→ SB2常闭触点分断 ——→ KM1线圈失电 ——→ KM1触点复位 ——→
　　　　　　　　 ——→ SB2常开触点闭合。

由于惯性运转的电枢切割磁力线产生感应电动势，KV线圈得电 ——→ KV常开触点闭合

——→ KM2线圈得电 ——→ KM2辅助触点分断切断电动机电源。
　　　　　　　 ——→ KM2主触点闭合 ——→ 励磁绕组反接后与电枢绕组和制动电阻构成闭合回路，

使电动机M受制动迅速停转 ——→ KV断电释放 ——→ KV常开触点分断 ——→ KM2线圈失电

——→ KM2触点复位，制动结束。

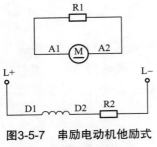

**图3-5-7 串励电动机他励式
能耗制动原理图**

（2）他励式能耗制动　他励式能耗制动原理如图3-5-7所示。制动时，切断电动机电源，将电枢绕组与放电电阻R1接通，将励磁绕组与电枢绕组断开后串入分压电阻R2，再接入外加直流电源励磁。若与电枢供电电源共用时，则需要在串励回路中串入较大的降压电阻。这种制动方法不仅需要外加的直流电源设备，而且励磁电路消耗的功率较大，所以经济性较差。

小型串励直流电动机作为伺服电动机使用时，采用的他励式能耗制动控制电路图如图3-5-8所示。其中，R1、R2为电枢绕组的放电电阻，减小它们的阻值可使制动力矩增大；R3是限流电阻，防止电动机启动电流过大；R是励磁绕组的分压电阻；SQ1和SQ2是行程开关。

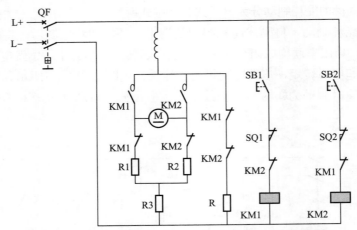

图3-5-8 小型串励直流电动机他励式能耗制动控制电路图

2. 反接制动控制线路

串励直流电动机的反接制动可通过以下两种方式来实现。一是位能负载时转速反向法；二是电枢直接反接法。

（1）位能负载时转速反向法　这种方法就是强迫电动机的转速反向，使电动机的转速方向与电磁转矩的方向相反，以实现制动。如提升机下放重物时，电动机在重物的作用下，转速n与电磁转矩T反向，使电动机处于制动状态，如图3-5-9所示。

（2）电枢直接反接法　电枢直接反接法是电动机切断电源后，将电枢绕组串入制动电阻后反接，并保持励磁电流方向不变的制动方法。必须注意的是，采用电枢反接制动时，不能直接将电源极性反接，否则，由于电枢电流和励磁电流同时反向，起不到制动作用。串励直流电动机反接制动自动控制电路如图3-5-10所示。

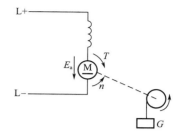

图3-5-9　串励直流电动机
转速反向法制动原理

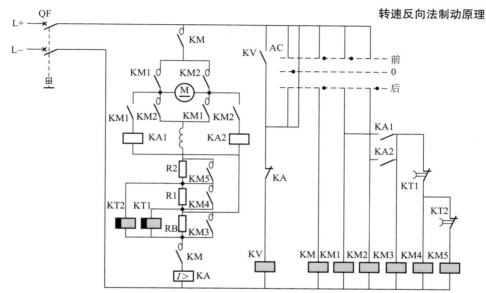

图3-5-10　串励直流电动机反接制动自动控制电路

工作原理分析（主令控制器AC有黑点"·"处，表示该触点闭合）如下。

① 准备启动。

将主令控制器AC手柄放在"0"位→合上电源开关QF→零压继电器KV线圈得电→KV常开触点闭合自锁。

② 电动机正转。

将控制器AC手柄扳向"前"位置 ⟶ KM和KM1线圈得电 ⟶ KM、KM1的主触点闭合 ⟶ 电动机M进入断电状态。

因KM1得电时，其辅助常开触点闭合⟶KA1线圈得电⟶KA1常开触点闭合⟶KM3、KM4、KM5 依次得电动作，其常开触点依次闭合短接电阻RB、R1、R2 ⟶ 电动机启动完毕进入正常运转。

③ 电动机反转。将主令控制器AC手柄由正转位置向后扳向反转位置，这时接触器KM1和中间继电器KA1失电，其触点复位，电动机在惯性作用下仍沿正转方向转动。但电枢电源则由于接触器KM、KM2的接通而反向，使电动机运行在反接制动状态，而中间继电器KA2线圈上的电压变得很小并未吸合，KA2常开触点分断，接触器KM3线圈失电，KM3常开触点分断，制动电阻RB接入电枢电路，电动机进行反接制动，其转速迅速下降。当转速降到接近于零时，KA2线圈上的电压升到吸合电压，KM2线圈得电，KA2常开触点闭合，使KM3得电动作，RB被短接，电动机进入反转启动运转。

④ 电动机停转。把主令控制器手柄扳向"0"位即可。

【知识拓展】

由于串励直流电动机的机械特性是双曲线，机械特性较软，当电动机的转矩增大时，其转速显著下降，使串励直流电动机能自动保持恒功率运行，不会因转矩增大而过载。因此，在要求有大的启动转矩、负载变化时转速允许变化的恒功率负载场合，如起重机、吊车、电力机车等，宜采用串励直流电动机。

技能实训

一、实训目标

掌握串励直流电动机串电阻启动控制线路的安装和调试。

二、实训设备与器材

（1）电工常用工具。

（2）选择电气元件明细表见表3-5-1。

表3-5-1　电气元件明细表

名称	型号	数量
直流电动机	自定	1台
断路器	DZ47-63/3P	1个
熔断器	RT32-10	2个
接触器	自定	3个
时间继电器	自定	2个
启动变阻器	BQ3	1个
调速变阻器	BC1-300	1个
端子排	JD0-2520	1根
导线	BVR-1.5	若干
控制板		1块

三、实训内容与步骤

第一步，根据实训场地所备电动机的铭牌数据，参照图3-5-11，结合实际条件，进行电气元件的选配。

第二步，按元件明细表配齐所用电气元件，并对各电气元件进行质量检查。如元件外观有无破损、活动部分是否灵活、型号规格是否相符等。

第三步，根据电路图，进行线路编号。

第四步，根据电路图，在配电板上合理布局各电气元件，并对电气元件进行牢固安装，然后贴上醒目的文字符号。电源开关、按钮板的安装位置要接近电动机和被拖动的机械，以便在控制时能看到电动机和被拖动机械的运行情况。

第五步，在控制板上根据电路图进行正确布线和套编码套管。

第六步，连接控制板外部的导线。

第七步，可靠连接电动机和金属元件金属外壳的保护接地线。

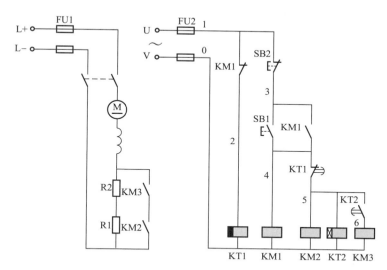

图3-5-11 串励直流电动机串电阻启动控制线路

第八步，接线完毕，采用自检、互检的方式进行检查，初次进行接线练习时，必须由指导教师现场指导并作最后的检查。

第九步，检查无误后按正确的操作步骤通电试车。

四、评价与考核

（1）按照步骤提示，在教师指导下进行识图与安装操作，并正确填写表3-5-2。

表3-5-2 记录表

项目	评分标准		配分	得分
识读电路图	①不会识读电气元件符号图 ②不会识读电路图功能	每处扣5分 每次扣5分	20分	
电路图绘制	①不能正确绘制电气元件符号图 ②绘图不规范 ③漏标文字符号	每处扣10分 每处扣2分 每处扣2分	20分	
安装与接线	①不能正确选择电气元件和质量检测 ②布局不合理 ③安装不牢固，元器件安装错误 ④不按图接线 ⑤接线不符合工艺要求 ⑥损坏电气元件	每处扣2分 扣5分 每处扣2分 每处扣2分 每处扣2分 每处扣5分	30分	
通电试车	①第一次通电不合格 ②第二次通电不合格 ③第三次通电不合格	扣10分 扣10分 此项配分不得分	30分	

（2）综合评价　针对本任务的学习情况，根据表3-5-3所示进行综合评价评分。

表3-5-3　综合评价表

评价项目	评价内容及标准	配分	评价方式		
			自我评价	小组评价	教师评价
职业素养	学习态度主动，积极参与教学活动	10			
	与同学协作融洽，团队合作意识强	20			
专业能力	明确工作任务，按时、完整地完成工作页，问题回答正确	20			
	施工前的准备工作完善、到位	10			
	现场施工完成质量情况	20			
创新能力	学习过程中提出具有创新性、可行性的建议	10			
	及时解决学习过程中遇到的各种问题	10			
学生姓名		综合评价得分			

项目四
三相同步电动机控制线路

任务一　三相同步电动机的启动控制线路

知识目标

1. 理解同步电动机的工作原理。
2. 掌握同步电动机的三种启动方法。

能力目标

能够正确识读三相同步电动机的启动控制线路。

素质目标

1. 培养学生安全文明生产的意识、认真负责的态度。
2. 培养学生的表述与合理辩解能力。
3. 培养学生独立解决问题的能力和电工的责任感。

基础知识

　　同步电动机属于交流电动机，定子绕组与异步电动机相同。因为它的转子旋转速度与定子绕组所产生的旋转磁场的速度是一样的，所以称为同步电动机。三相同步电机的主要用途是发电；当作为电动机来使用时，具有改善电网的功率因数、使转速稳定、过载能力强等优点，常用于不需调速的大型设备上；作为同步补偿机时，可以通过改变励磁电流，从而调节电网的功率因数，提高电力系统的功率因数。

一、同步电动机的工作原理

因为同步电动机的定子结构与三相异步电动机相同，所以同步电动机的工作原理也与三相异步电动机相似：当通入三相对称电流时，定子上产生一个同步速度旋转的正弦分布磁场，而这时转子上也有一个直流励磁正弦分布的磁场。当三相同步电动机正常工作时，转子以同步转速旋转，所以定子和转子上所产生的两个磁场在空间上的位置是相当固定的，因此它们之间的作用也是固定的。

根据三相同步电动机两个磁场的相对位置，可以分为以下三种情况。

1. 转子磁场超前于定子磁场

这时转子磁场吸引定子做同步转速运转，转子的驱动力矩应等于定子磁场的阻力矩，转子做的功应等于定子中产生的功，转子做的功是由原动机提供的，同步电动机处于发电运行状态。

2. 转子磁场落后于定子磁场

这时定子磁场吸引着转子磁场做同步转速运转，定子磁场做功，转子输出机械功，同步电动机工作于电动运行状态。当转子的负荷增加时，磁力线会被拉长，转子落后的角度就会增加。

3. 转子磁场与定子磁场的夹角为零

这时定子磁场和转子磁场正好重合，虽然相互吸引，但是吸引力经过转子的轴心，所以不会产生力矩，因此没有输出功率。

[要点解读]

当同步电动机工作于电动运行状态时，定子磁场拖动转子磁场转动，两个磁场之间存在着一个固定的力矩，这个力矩的存在是有条件的：两者的速度必须相等，即同步才行，这个力矩称为同步力矩。如果两个磁场的速度不相等，同步力矩就不存在，电动机就会慢慢停下来，这种现象称为"失步现象"。

为什么在失步的情况下，电动机没有旋转力矩呢？当转子与定子磁场不同步时，两者的相对位置角会发生变化。当转子落后定子磁场角度在 $\theta=0°\sim180°$ 时，定子磁场对转子产生的是驱动力；当 $\theta=180°\sim360°$ 时，定子磁场对转子产生的是阻力，所以平均力矩为零。

每当转子比定子磁场慢一圈时，定子对转子做的功半圈为正功，使转子前进，半圈是负功，使转子后退，平均下来，做功为零。由于转子没有得到力矩和功率，因此就会慢慢停下来。

当同步电动机发生失步现象时，定子电流会迅速上升，所以这时应尽快切断电源，以免损坏电动机。

综上所述，同步电动机的特点是：当电源的频率一定时，同步电动机的转子速度一定要保持为同步转速才能正常运行。所以同步电动机可用于不需要调速，速度稳定性较高的场合，如大型空气压缩机、水泵等。

由以上分析可知：三相同步电动机仅在同步转速下才能产生恒定的同步电磁转矩。在同步电动机刚启动时，定子上会立即建立起以同步转速 n_s 旋转的旋转磁场，而转子因惯性的作用不可能立即以同步转速旋转，所以主极磁场与电枢磁场就不能保持同步状态，这就产生了失步现象。所以同步电动机在启动时是没有启动力矩的，而必须采取专门的启动方法。

二、同步电动机的启动方法

同步电动机的启动方法主要有三种：一是辅助电动机启动法；二是异步启动法；三是变频启动法。

1. 辅助电动机启动法

所谓辅助电动机启动法，就是选用与同步电动机极数相同的异步电动机作为辅助电动机，启动时先由异步电动机拖动同步电动机启动，在接近同步转速时，切断异步电动机的电源，同时接通同步电动机的励磁电源，将同步电动机接入电网，完成启动，如图4-1-1所示。此方法只能适用于空载启动，且操作复杂、设备多，现已基本不用。

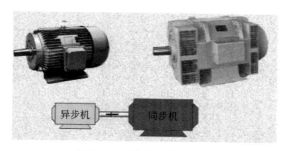

图4-1-1　辅助启动示意图

2. 异步启动法

目前同步电动机广泛采用的是异步启动法。

同步电动机在设计和制造时，在转子上加装了一套笼形启动绕组作异步启动用。在同步电动机转子绕组接通电源时，转子上的笼形绕组所起的作用与异步电动机的转子绕组相同，产生启动转矩使同步电动机启动。

同步电动机的启动过程分为异步启动和牵入同步两步。

（1）异步启动过程　即给三相定子绕组通入三相交流电进行异步启动。

给三相定子绕组通入三相交流电进行异步启动，此时转子绕组中不通入直流励磁电流，否则将会造成启动困难。但励磁绕组又不能开路，以免励磁绕组上感应出高压击穿绝缘，因此启动前转子励磁绕组要串接一个约十倍于励磁绕组电阻的放电电阻进行短接。如图4-1-2所示为异步启动控制简化原理图。

如图4-1-2所示，在启动时，定子绕组很大的启动电流使电流互感器TA二次回路中的电流继电器KA动作。KA的常开触点闭合，时间继电器KT线圈得电，其常闭触点瞬时断开，切断直流励磁接触器KM的线圈回路。因此励磁绕组中没有加励磁且通过放电电阻R1短接。

（2）牵入同步的控制（转子绕组加入励磁的控制）　当电动机的转速接近同步转速时（通常为电动机同步转速的95％以上，称为准同步转速），将直流电压加入转子励磁绕组并切除放电电阻，将电动机牵入同步运转，如图4-1-3所示。

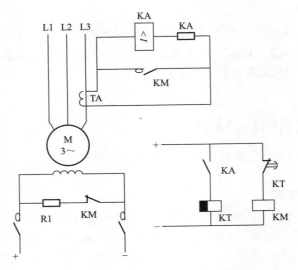

图4-1-2　异步启动控制简化原理图

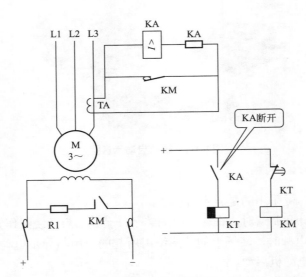

图4-1-3　牵入同步运转

随着同步电动机转速的上升，定子电流逐步减小。当转速接近同步转速时，定子电流减小到使KA释放，时间继电器KT线圈失电，经KT整定时间，其常闭触点延时闭合，接触器KM得电吸合，切除电阻R1并加入励磁电流，将电动机牵入同步运行。同时KM的另一对常开触点闭合，将电流继电器KA的线圈短接，以防止电动机正常运行过程中因某种原因引起冲击电流时产生误动作。

3. 变频启动法

同步电动机变频启动控制系统是大型同步电动机的理想启动设备，具有启动平稳，不存在失步问题，对电网也完全没有冲击，可靠性高，具有较好的应用前景和较高的研究价值。

变频启动通过改变转子旋转磁场的转速，利用同步转矩来启动。在开始启动时，转子通入直流，然后使变频电源的频率从零缓慢上升，逐步增加到额定的频率，使转子的转速随着定子磁场的转速而同步上升，直到额定转速。如图4-1-4所示为交-直-交电源型自控变频同步电动机的构成。

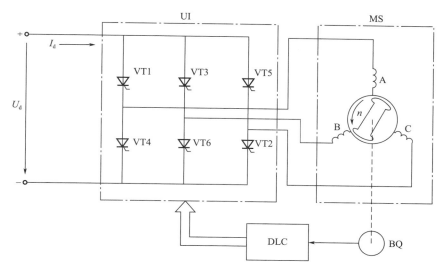

图4-1-4　交-直-交电源型自控变频同步电动机的构成

其中自控变频同步电动机在同步电动机端装有一台转子位置检测器BQ，由它发出主频率控制信号去控制逆变器UI的输出频率，从而保证转子速度与供电频率同步。

如图4-1-5所示为交-直-交电源型变流器供电的自控变频同步电动机调速系统原理框图。

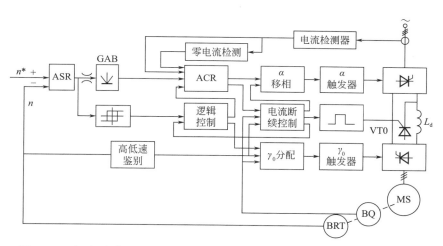

图4-1-5　交-直-交电源型变流器供电的自控变频同步电动机调速系统原理框图

主电路采用交-直-交电源型变流器，功率开关器件为晶闸管。自控变频同步电动机转速调节采用典型的转速、电流双闭环控制系统。转速和电流调节器均为带限幅的比例积分调节器。与直流电动机一样，其转速的调节通过整流桥输出的直流电压来实现。

自控变频同步电动机在正、反向电动状态下，控制整流桥的触发控制角 α 在 $0° \sim 90°$ 之间。电动机制动和电流断续换流时，整流桥进入逆变工作状态，把控制角 α 控制在 $90° \sim 180°$ 之间。

转子位置检测器能根据不同的转子位置发出相应的信号，经过脉冲分配器、触发放大环节，去触发逆变器相应的晶闸管。电动机在正向高、低速运行和反向高、低速制动时，触发晶闸管导通的顺序是：VT1 → VT2 → VT3 → VT4 → VT5 → VT6。电动机在反向高、低速运行和正向高、低速制动时，只要改变晶闸管的导通顺序即可实现。

电动机在低速运行时，高低速判别环节会发出解除断流封锁信号到断流控制环节。转子位置检测器取得环流信号后，送至断流控制环节发出逆变桥晶闸管的换流时刻检测信号，使整流桥迅速推入逆变状态。

同时，触发导通并联在平波电抗器两端的晶闸管VT0，为平波电抗器提供续流回路，迅速拉断电动机电流，使晶闸管可靠换流。

可以通过对速度调节器输出信号的极性鉴别，来控制电动机的运行状态。如调节电动机转速升高时，输入到速度调节器的给定转速信号U_{gn}极性假如为正，转速反馈信号U_{fn}极性为负，且实际转速低于转速设定值，则速度调节器的输出极性为负。

自控变频同步电动机没有直流电动机的机械换向器，却能获得和直流电动机一样的调速性能，调速系统结构和直流调速系统也十分相似，还解决了同步电动机的振荡和失步问题。可见自控变频同步电动机是一种比较理想的调速电动机。

技能实训 👆

一、实训目标

掌握同步电动机启动控制线路的安装和调试。

二、实训设备与器材

（1）电工常用工具。

（2）选择电气元件明细表见表4-1-1。

表4-1-1　电气元件表

名称	型号	数量
同步电动机	自定	1台
断路器	DZ47-63/3P	1个
接触器	自定	1个
电流继电器	自定	1个
时间继电器	自定	1个
电流互感器TA	自定	1个
端子排	JD0-2520	1根
导线	BVR-2.5	若干
控制板		1块

三、实训内容与步骤

第一步，根据实训场地所备同步电动机的铭牌数据，参考电路图，结合实际条件，进行电气元件的选配。

第二步，按元件明细表配齐所用电气元件，并对各电气元件进行质量检查。如元件外观有无破损、活动部分是否灵活、型号规格是否相符等。

第三步，根据电路图，进行线路编号。

第四步，根据电路图，在配电板上合理布局各电气元件，并对电气元件进行牢固安装。

第五步，在控制板上根据电路图进行正确布线和套编码套管。

第六步，连接控制板外部的导线。

第七步，可靠连接电动机和金属元件金属外壳的保护接地线。

第八步，接线完毕，采用自检、互检的方式进行检查，初次进行接线练习时，必须由指导教师现场指导并作最后的检查。

第九步，检查无误后按正确的操作步骤通电试车。

四、评价与考核

（1）按照步骤提示，在教师指导下进行识图与安装操作，并正确填写表4-1-2。

表4-1-2　记录表

项目	评分标准		配分	得分
识读电路图	①不会识读电气元件符号图	每处扣5分	20分	
	②不会识读电路图功能	每次扣5分		
电路图绘制	①不能正确绘制电气元件符号图	每处扣10分	20分	
	②绘图不规范	每处扣2分		
	③漏标文字符号	每处扣2分		
安装与接线	①不能正确选择电气元件和质量检测	每处扣2分	30分	
	②布局不合理	扣5分		
	③安装不牢固，元器件安装错误	每处扣2分		
	④不按图接线	每处扣2分		
	⑤接线不符合工艺要求	每处扣2分		
	⑥损坏电气元件	每处扣5分		
通电试车	①第一次通电不合格	扣10分	30分	
	②第二次通电不合格	扣10分		
	③第三次通电不合格	此项配分不得分		

（2）综合评价　针对本任务的学习情况，根据表4-1-3所示进行综合评价评分。

表4-1-3　综合评价表

评价项目	评价内容及标准	配分	评价方式		
			自我评价	小组评价	教师评价
职业素养	学习态度主动，积极参与教学活动	10			
	与同学协作融洽，团队合作意识强	20			

续表

评价项目	评价内容及标准	配分	评价方式		
			自我评价	小组评价	教师评价
专业能力	明确工作任务，按时、完整地完成工作页，问题回答正确	20			
	施工前的准备工作完善、到位	10			
	现场施工完成质量情况	20			
创新能力	学习过程中提出具有创新性、可行性的建议	10			
	及时解决学习过程中遇到的各种问题	10			
学生姓名		综合评价得分			

任务二　三相同步电动机的制动控制线路

知识目标

理解三相同步电动机的制动控制线路工作原理。

能力目标

能够正确识读与安装三相同步电动机的制动控制线路。

素质目标

1. 培养学生安全文明生产的意识、认真负责的态度。
2. 培养学生的表述与合理辩解能力。
3. 培养学生独立解决问题的能力和电工的责任感。

基础知识

　　如图4-2-1（a）所示是简化的同步电动机能耗制动的主电路。其控制电路与异步电动机能耗制动的控制线路基本相同。

　　三相同步电动机能耗制动时，首先切断运转中的同步电动机定子绕组的交流电源，然后将定子绕组接于一组外接电阻R（或频敏变阻器）上，并保持转子励磁绕组的直流励磁不变。此时，同步电动机就成了电枢被R短接的同步发电机，将转动的机械能转换为电能，最终转变为热能消耗在电阻R上，使同步电动机制动停转，如图4-2-1（b）所示。

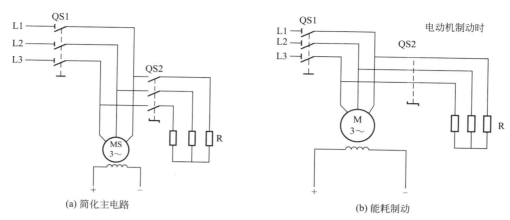

(a) 简化主电路　　　　　　　　　(b) 能耗制动

图4-2-1　简化的同步电动机能耗制动的主电路原理图

技能实训

　　本任务的技能训练可参考三相异步电动机能耗制动控制电路进行安装与训练，在此不再赘述。

项目五
单相异步电动机控制线路

任务一　单相异步电动机的启动控制线路

知识目标

1. 了解单向异步电动机的分类、应用与优缺点。
2. 掌握电容分相式电动机、电阻分相式电动机与罩极式电动机的工作特点。

能力目标

能够正确识读与安装单相异步电动机的启动控制线路。

素质目标

1. 培养学生安全文明生产的意识、认真负责的态度。
2. 培养学生的表述与合理辩解能力。
3. 培养学生独立解决问题的能力和电工的责任感。

基础知识

　　单相异步电动机是利用单相电源供电的一种小容量交流电动机。它具有结构简单、运行可靠、维修方便等优点，特别是可以直接用220V交流电源供电，所以应用广泛。但单相异步电动机与同容量的三相异步电动机相比较，体积较大，运行性能较差，效率较低。因此一般只制成小型和微型系列，容量一般在1kW之内，主要用于驱动小型机床、离心机、压缩机、风扇、洗衣机等。如图5-1-1所示为常见的几种单相异步电动机。

(a) 电动车电动机　　(b) 家用空调电动机　　(c) 风扇电动机

图5-1-1　几种常见的单相异步电动机

根据单相异步电动机的工作原理可知，单相异步电动机工作绕组通入单相交流电时，产生的是脉动磁场。所谓脉动磁场，就是磁通大小随电流瞬时值的变化而变化，但磁场的轴线空间位置不变。所以脉动磁场不会产生启动力矩。

如图5-1-2所示为单相异步电动机的转矩特性曲线。从图中可以看到，当$n=0$时，$T=0$，也就是脉动磁场没有启动力矩，但当启动后电动机就有力矩了，电动机正反向都可转，方向由外力方向决定。

为了获得单相电动机的启动转矩，通常在单相电动机定子上安装两套绕组，两套绕组的空间位置互差90°电角度。一套是工作绕组（或称主绕组），长期接通电源工作；另一套是启动绕组（或称副绕组、辅助绕组），以产生启动转矩和固定电动机转向。

所以根据单相异步电动机获得启动转矩方法的不同，电动机的结构也存在很大的差异，主要分为罩极式电动机、电阻分相式电动机、电容分相式电动机。

一、电容运行单相异步电动机

如图5-1-3所示为电容运行单相异步电动机电路图。

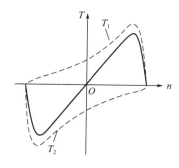

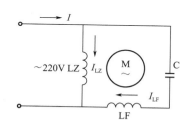

图5-1-2　单相异步电动机的转矩特性曲线　　　**图5-1-3　电容运行单相异步电动机电路图**

单相电容运行异步电动机的定子铁芯嵌放两套绕组，两套绕组的结构基本相同。工作绕组LZ接近纯电感负载，启动绕组LF上串接电容器，合理选择电容值，使串联支路的电流I_{LZ}超前I_{LF}约为90°，通过电容器使得两个支路电流的相位不同，所以称为电容分相。

单相电容运行电动机结构简单，使用维护方便，堵转电流小，有较高的效率和功率因数，但是启动转矩较小，多用于电风扇、吸尘器等。如图5-1-4所示为电容运行台扇电动机结构图。

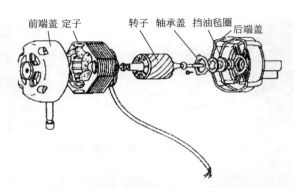

图5-1-4　电容运行台扇电动机结构图

二、电容启动单相异步电动机

如图5-1-5所示为电容启动单相异步电动机电路图。

电容启动单相异步电动机结构与电容运行单相异步电动机结构类似，只是在启动绕组中又串联了一个启动开关S。当电动机转子静止或转速低时，启动开关S处于接通位置，两套绕组一起接在单相电源上，获得启动转矩。当电动机转速达到80%的额定转速时，断开启动开关S，将启动绕组从电源上切除，此时单靠工作绕组已有较大转矩，可驱动负载运行。

电容启动电动机具有较大启动转矩（为额定转矩的1.5～3.5倍），但启动电流相应增大，适用于重载启动的机械，例如小型空压机、洗衣机、空调器等。

三、双值电容单相异步电动机

如图5-1-6所示为双值电容单相异步电动机电路图。

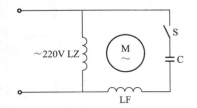

图5-1-5　电容启动单相异步电动机电路图

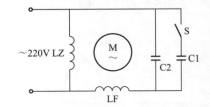

图5-1-6　双值电容单相异步电动机电路图

图中C1是启动电容，容量较大；C2为工作电容，容量较小，两个电容器并联后与启动绕组串联。

启动时，两个电容器都工作，电动机具有较大的启动转矩，待转速上升到80%左右的额定转速后，启动开关将启动电容C1断开，启动绕组上只串联工作电容C2，电容量减少。

双值电容电动机既有较大的启动转矩（为额定转矩的2～2.5倍），又有较高的效率和功率因数，广泛应用于小型机床设备中。

四、电阻启动单相异步电动机

如图5-1-7所示为电阻启动单相异步电动机电路图。

其结构与电容启动电动机结构类似。工作绕组LZ匝数多、导线粗，可近似看成纯电感电路；启动绕组LF导线较细，又串有启动电阻R，可近似看成纯电阻性负载，通过电阻来分开两个支路电流的相位。启动时两个绕组同时工作，当转速达到80%左右的额定值时，启动开关断开，启动绕组从电源上切除。

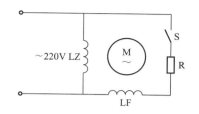

图5-1-7 电阻启动单相异步电动机电路图

实际电路中在启动绕组中没有串联电阻R，而是设法增加导线电阻，从而使启动绕组本身就有较大的电阻。

电阻启动电动机节约了启动电容，具有中等转矩（为额定转矩的1.2～2倍），但启动电流较大。它在电冰箱压缩机中得到广泛应用。

五、罩极式电动机

罩极式电动机的优点是：结构简单、制造方便、成本低、运行时噪声小、维护方便。缺点是启动性能和运行性能较差，效率和功率因数都较低，方向不能改变。一般用于小功率空载启动的场合，如计算机后面的散热风扇、各种仪表风扇、点唱机等。

按磁极形式的不同，罩极式电动机可分为凸极式和隐极式两种，其中凸极式结构较为常见。如图5-1-8所示为凸极式罩极电动机的结构。

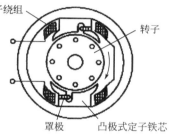

图5-1-8 凸极式罩极电动机结构

定子做成凸极式，由厚0.5mm的硅钢片叠压而成，每个磁极极面的1/3处开有小槽，在极柱上套上铜质的短路环。

罩极式电动机磁极的磁通分布在空间上是移动的，由未罩部分向被罩部分移动，像是旋转磁场一样，从而获得启动转矩，并且也决定了电动机的转向是由未罩部分向被罩部分移动。所以其转向是由定子的内部结构决定的，改变电源的接线不能改变电动机的转向。

六、单相异步电动机的启动开关及其他器件

1. 电容器

电容器在单相电动机中应用比较广泛，一般选用金属箔电容、金属化薄膜电容，交流耐压值为250～660V。

2. 启动开关

单相异步电动机的启动开关主要有以下三种。

（1）离心开关　如图5-1-9所示。

当电动机转子静止或转速较低时，离心开关的触点在弹簧的压力下处于接通位置。当电动机转速达到一定值后，离心开关的重球产生的离心力大于弹簧的弹力，则重球带动触点向右移动，触点断开。

（2）电磁启动继电器　电磁启动继电器主要用于专业电动机上，如冰箱压缩电动机。有电流启动型和电压启动型两种。

电流启动型电磁继电器的工作原理是：继电器的线圈与工作绕组串联，电动机启动时工

作绕组电流较大，继电器动作，触点闭合，接通启动绕组。随着转速上升，工作绕组电流减小，当电磁启动继电器的电磁引力小于继电器铁芯的重力及弹簧反作用力时，继电器复位，触点断开，切断启动绕组。如图5-1-10所示。

图5-1-9　离心开关

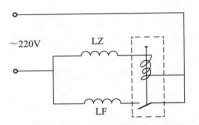

图5-1-10　电流启动型电磁继电器的工作原理

（3）PTC元件　PTC元件是具有正温度系数的半导体材料，它的电阻随着温度的升高而急剧增大。使用时，将PTC元件串联在电动机的启动绕组上，室温时PTC元件的电阻较低，启动绕组接通，启动绕组的电流也流过PTC元件，使PTC元件发热升温，其电阻也迅速增大，近似于切断了启动绕组。在运行时启动绕组仍有15mA左右的电流流过，以维持PTC元件的高阻状态。停机后要间隔3min才能再次启动，以便PTC元件降温，减少电阻值。如图5-1-11所示为PTC元件的温度-电阻特性和启动电路。

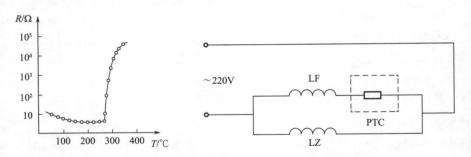

图5-1-11　PTC元件的温度-电阻特性和启动电路

技能实训

一、实训目标

掌握单相电动机启动控制线路的安装和调试。

二、实训设备与器材

（1）电工常用工具。

（2）电风扇。

三、实训内容与步骤

第一步，阅读电风扇说明书，绘制电风扇控制线路图。

第二步，根据电路图进行接线。

第三步，接线完毕，采用自检、互检的方式进行检查，初次进行接线练习时，必须由指导教师现场指导并作最后的检查。

第四步，检查无误后按正确的操作步骤通电试车。

四、评价与考核

（1）按照步骤提示，在教师指导下进行识图与安装操作，并正确填写表5-1-1。

表5-1-1　记录表

项目	评分标准		配分	得分
识读电路图	①不会识读电气元件符号图 ②不会识读电路图功能	每处扣5分 每次扣5分	20分	
电路图绘制	①不能正确绘制电气元件符号图 ②绘图不规范 ③漏标文字符号	每处扣10分 每处扣2分 每处扣2分	20分	
安装与接线	①不能正确选择电气元件和质量检测 ②布局不合理 ③安装不牢固，元器件安装错误 ④不按图接线 ⑤接线不符合工艺要求 ⑥损坏电气元件	每处扣2分 扣5分 每处扣2分 每处扣2分 每处扣2分 每处扣5分	30分	
通电试车	①第一次通电不合格 ②第二次通电不合格 ③第三次通电不合格	扣10分 扣10分 此项配分不得分	30分	

（2）综合评价　针对本任务的学习情况，根据表5-1-2所示进行综合评价评分。

表5-1-2　综合评价表

评价项目	评价内容及标准	配分	评价方式		
			自我评价	小组评价	教师评价
职业素养	学习态度主动，积极参与教学活动	10			
	与同学协作融洽，团队合作意识强	20			
专业能力	明确工作任务，按时、完整地完成工作页，问题回答正确	20			
	施工前的准备工作完善、到位	10			
	现场施工完成质量情况	20			
创新能力	学习过程中提出具有创新性、可行性的建议	10			
	及时解决学习过程中遇到的各种问题	10			
学生姓名		综合评价得分			

任务二　单相电动机的正反转控制线路

知识目标

掌握单相电动机正反转线路的工作原理。

能力目标

能够正确安装与调试单相电动机正反转控制线路。

素质目标

1. 培养学生安全文明生产的意识、认真负责的态度。
2. 培养学生的表述与合理辩解能力。
3. 培养学生独立解决问题的能力和电工的责任感。

基础知识

在一些实际生产机械中，需要对单相电动机进行正反转控制。例如洗衣机电动机，需要实现正反转的洗涤，这就需要单相异步电动机的正反转控制。

一、单相电动机正、反转原理

由于单相异步电动机的转向是从电流相位超前的绕组向电流相位滞后的绕组旋转的。如果把其中一个绕组反接，等于把这个绕组的电流相位改变了180°，假若原来这个绕组是超前90°，则改接后就变为滞后90°，结果旋转磁场的方向随之改变。

二、单相电动机的正反转接线

如图5-2-1所示为洗衣机电动机的控制电路，可以通过改变电容器的接法来改变电动机的转向。

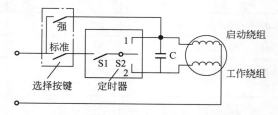

图5-2-1　洗衣机电动机的控制电路

其工作原理如下。

当选择"标准"时，S1接通情况下，若S2与"1"接通，电容器与工作绕组串接，则工作绕组中的电流相位超前于启动绕组电流相位90°。

经过一定定时时间后S2与"2"相接，电容器与启动绕组串接，则启动绕组中的电流相位超前于工作绕组中的电流相位90°，从而实现了电动机的反转。

这种单相异步电动机的工作绕组与启动绕组可以互换，所以两套绕组的线圈匝数、粗细、占槽数等都应相同。

技能实训

一、实训目标

掌握单相异步电动机正反转控制线路的安装和调试。

二、实训设备与器材

（1）电工常用工具。

（2）洗衣机1台。

三、实训内容与步骤

第一步，阅读洗衣机说明书，绘制洗衣机电路图。

第二步，根据电路图进行接线。

第三步，接线完毕，采用自检、互检的方式进行检查，初次进行接线练习时，必须由指导教师现场指导并作最后的检查。

第四步，检查无误后按正确的操作步骤通电试车。

四、评价与考核

（1）按照步骤提示，在教师指导下进行识图与安装操作，并正确填写表5-2-1。

表5-2-1　记录表

项目	评分标准		配分	得分
识读电路图	①不会识读电气元件符号图 ②不会识读电路图功能	每处扣5分 每次扣5分	20分	
电路图绘制	①不能正确绘制电气元件符号图 ②绘图不规范 ③漏标文字符号	每处扣10分 每处扣2分 每处扣2分	20分	
安装与接线	①不能正确选择电气元件和质量检测 ②布局不合理 ③安装不牢固，元器件安装错误 ④不按图接线 ⑤接线不符合工艺要求 ⑥损坏电气元件	每处扣2分 扣5分 每处扣2分 每处扣2分 每处扣2分 每处扣5分	30分	
通电试车	①第一次通电不合格 ②第二次通电不合格 ③第三次通电不合格	扣10分 扣10分 此项配分不得分	30分	

（2）综合评价　针对本任务的学习情况，根据表5-2-2所示进行综合评价评分。

表5-2-2　综合评价表

评价项目	评价内容及标准	配分	评价方式		
			自我评价	小组评价	教师评价
职业素养	学习态度主动，积极参与教学活动	10			
	与同学协作融洽，团队合作意识强	20			
专业能力	明确工作任务，按时、完整地完成工作页，问题回答正确	20			
	施工前的准备工作完善、到位	10			
	现场施工完成质量情况	20			
创新能力	学习过程中提出具有创新性、可行性的建议	10			
	及时解决学习过程中遇到的各种问题	10			
学生姓名		综合评价得分			

任务三　单相异步电动机的调速

知识目标

1. 掌握单相异步电动机的调速方法。
2. 了解单相异步电动机的常见故障及原因。

能力目标

1. 能够正确识读单相异步电动机调速控制线路。
2. 能够绘制单相异步电动机调速控制电路。

素质目标

1. 培养学生安全文明生产的意识、认真负责的态度。
2. 培养学生的表述与合理辩解能力。
3. 培养学生独立解决问题的能力和电工的责任感。

基础知识

在一些实际生产机械中，需要对单相电动机能进行调速控制。例如吊扇电动机，需要对电动机进行调速。单相异步电动机可以通过串电抗调速、电动机绕组内部抽头调速、晶闸管调速等几种方式来实现。

一、串电抗调速

如图5-3-1所示为吊扇电动机串电抗调速电路。

利用电抗器上产生的电压降，使加到电动机定子绕组上的电压下降，从而将电动机转速由额定转速往下调节。

此种调速方法简单方便，但属于有级调速。

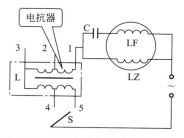

图5-3-1　吊扇电动机串电抗调速电路

二、电动机绕组内部抽头调速

电动机定子铁芯除了有启动绕组和工作绕组外，还嵌放中间绕组，通过改变中间绕组与工作绕组与启动绕组的接法，从而改变电动机内部气隙磁场的大小，使电动机的输出转矩随之改变，在一定负载转矩下，电动机的转速也随之变化，通常有两种接法：L形和T形。如图5-3-2所示为电动机绕组内部抽头调速电路。

此种调速方法绕组嵌线和接线复杂，电动机和调速开关接线多，并且是有级调速。

三、晶闸管调速

通过改变晶闸管的导通角，来改变加在单相异步电动机上的交流电压，从而调节电动机的转速，如图5-3-3所示。这种调速方法可以做到无级调速，节能效果好，但会产生一些电磁干扰，大多用于风扇调速。

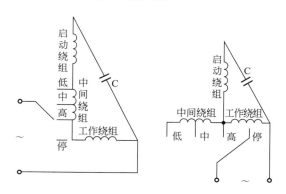

图5-3-2　电动机绕组内部抽头调速电路

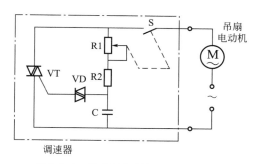

图5-3-3　吊扇晶闸管调压调速电路

【知识拓展】

单相异步电动机的维护与三相异步电动机类似，可通过听、看、闻、摸的方式随时监视电动机的运行状态。单相异步电动机的常见故障及原因如下。

1. 无法启动

（1）通电熔丝熔断，电动机可能有短路故障。

（2）电源电压过低。因为电动机的转矩与电压的平方成正比，故电压过低会造成电动机启动转矩太小而无法启动。

（3）电动机定子绕组有断路现象。正常时定子绕组直流电阻一般为几欧或几十欧。

（4）电容器损坏或断开。

（5）离心开关触点闭合不上，可在正常停转状态下，用万用表测量启动绕组的直流电阻。

（6）转子卡住或过载，转子负载应能用手平滑转动。

2. 启动转矩很小，或启动迟缓且转向不定

（1）离心开关触点接触不好。

（2）电容器容量减小。

3. 电动机转速低于正常转速

（1）电源电压偏低。

（2）绕组个别匝间短路，造成电动机气隙磁场不强，电动机转差率增大。

（3）离心开关触点无法断开，启动绕组未切断。

（4）运行电容器的容量发生了变化。

（5）电动机负载过重。

4. 电动机过热

（1）工作绕组或电容运行的启动绕组个别匝间短路或接地。

（2）电容启动电动机的工作绕组和启动绕组接错。

（3）电容启动电动机离心开关在启动结束后没有断开，启动绕组长期运行发热。

（4）轴承发热，润滑油中的基础油脂挥发，润滑油干涸，降低润滑性能。

5. 电动机转动时噪声大或振动大

（1）绕组短路或接地。

（2）轴承损坏或缺少润滑油。

（3）定子与转子空隙中有杂物。

（4）电动机的风扇风叶变形、不平衡。

（5）电动机固定不良或负载不平衡。

技能实训

一、实训目标

掌握单相异步电动机正反转控制线路的安装和调试。

二、实训设备与器材

（1）电工常用工具。

（2）落地扇1台。

三、实训内容与步骤

第一步，阅读落地风扇说明书，根据电路图进行接线。

第二步，接线完毕，采用自检、互检的方式进行检查，初次进行接线练习时，必须由指导教师现场指导并作最后的检查。

第三步，检查无误后按正确的操作步骤通电试车。

四、评价与考核

（1）按照步骤提示，在教师指导下进行识图与安装操作，并正确填写表5-3-1。

表5-3-1　记录表

项目	评分标准		配分	得分
识读电路图	①不会识读电气元件符号图 ②不会识读电路图功能	每处扣5分 每次扣5分	20分	
电路图绘制	①不能正确绘制电气元件符号图 ②绘图不规范 ③漏标文字符号	每处扣10分 每处扣2分 每处扣2分	20分	
安装与接线	①不能正确选择电气元件和质量检测 ②布局不合理 ③安装不牢固，元器件安装错误 ④不按图接线 ⑤接线不符合工艺要求 ⑥损坏电气元件	每处扣2分 扣5分 每处扣2分 每处扣2分 每处扣2分 每处扣5分	30分	
通电试车	①第一次通电不合格 ②第二次通电不合格 ③第三次通电不合格	扣10分 扣10分 此项配分不得分	30分	

（2）综合评价　针对本任务的学习情况，根据表5-3-2所示进行综合评价评分。

表5-3-2　综合评价表

评价项目	评价内容及标准	配分	评价方式		
			自我评价	小组评价	教师评价
职业素养	学习态度主动，积极参与教学活动	10			
	与同学协作融洽，团队合作意识强	20			
专业能力	明确工作任务，按时、完整地完成工作页，问题回答正确	20			
	施工前的准备工作完善、到位	10			
	现场施工完成质量情况	20			
创新能力	学习过程中提出具有创新性、可行性的建议	10			
	及时解决学习过程中遇到的各种问题	10			
学生姓名		综合评价得分			